De Universele Energieën van Spirituele Plaatsen met Praktische Toepassingen

Tekst en schema's door Sam Holland
Illustraties en mandala's door Anne Claire Venemans
Artistieke vormgeving door Chris Adkins

computer door iMac
typeset door InDesign
illustraties door Photoshop

ISBN 1932101039

We willen graag iedereen bedanken die heeft deelgenomen aan het veldwerk van de Records Group. Dit boek is aan hen opgedragen. Het zijn:

Robert Adamson
Ron Cantoni
Nancy Cassell
Patrick Corsi
Diana Dunckelmann
Denise Hall
Jeton Holland
Sam Holland
Georgia Hughes
Lyn Maccarone
Aram Manukyan
Kat Marlowe
Archie Mulvena
Richard Mynett
Lou Nichols
Gary Plapp
Betty Roe
David Ross
Shesta Ross
George Ruby
Jim Scheer
Larry Scheer
Linda Scheer
Penny Slade
Andrea Smith
Sachi Tatsuma
Anne Claire Venemans

Onze speciale dank gaat uit naar June Burke en Julian voor hun vriendschap, hun geduld en June's grote capaciteit als trancemedium. Ook danken wij onze etherische vrienden Estherelle en Orick.

Inhoud

Introductie

Dit boek is het resultaat van het werk dat is gestart in 1976 door een klein aantal mensen die we de Records Group noemen. Het oorspronkelijke doel van deze groep was het ontdekken en openbaren van voorwerpen uit het Atlantische tijdperk. Tijdens de voortgang van dit werk bleek het noodzakelijk om te bestuderen hoe de energieën van de aarde zijn verbonden met de mensheid en het Universum.

We ontdekten dat deze connectie tot stand werd gebracht op een manier die het doel van Spirituele Plaatsen definieert en in stand houdt. We stonden er versteld van hoe het Universum verbonden is en communiceert met alle Spirituele Plaatsen. Nog verbazingwekkender was de verscheidenheid van Spirituele Plaatsen en hun communicatie met de mensheid. Uiteindelijk richtte de groep zich op de energieën van Spirituele Plaatsen en de etherische structuren zoals die in dit boek beschreven staan. Het doel van dit boek is om te leren hoe een Spirituele Plaats, met een sterk doel, een lang leven en een grote expressie, gecreëerd en gebruikt wordt. Het legt op praktische wijze uit hoe de esotherische energieën die een Spirituele Plaats onderhouden en steunen, te gebruiken zijn. Het beschrijft ook hoe de energieën zijn te herkennen, wat hun doel is en wat ze voor je kunnen betekenen. Daarnaast legt het boek uit wat de details zijn van de universele energieën die in iedere Spirituele Plaats werkzaam zijn. Verder, en wellicht is dit belangrijker, beschrijft dit boek ook hoe alle energieën samenwerken om de energie van iedere individuele spirituele plek te manifesteren. Deze beschrijvingen

The Records Group
Van links naar rechts: Shesta Ross, David Ross, Andrea Smith, Anne Claire Venemans, Sam Holland

vormen een referentiehandboek van fundamentele universele energieën.

Volgens ons is het belangrijk om zowel de individuele energieën als de veelvuldigheid van hun onderlinge betrekkingen te begrijpen. Deze energieën en hun wisselwerkingen zijn complex, maar als ze stuk voor stuk bekeken worden, geven ze een groots inzicht in hoe we met het Universum verbonden zijn. Intellectueel begrip hiervan maakt onze verbinding met het Universum alleen maar sterker.

We hebben een set kaarten toegevoegd, die de energieën die in dit boek beschreven worden, afbeelden. De kaarten kunnen worden gebruikt om je eigen speciale Spirituele Plaats te creëren, om mee te mediteren, om de energieën te bestuderen of om de kaarten te leggen. Deze kaarten, en de details van hun energieën, worden beschreven in Deel V van dit boek.

De verspreiding van Spirituele Plaatsen is verbazingwekkend. Dit komt door het feit dat de fundamentele energieën die een Spirituele Plaats definiëren, ook aanwezig zijn bij ieder object, iedere plaats en bij ieder bewust wezen. Feitelijk zijn zij aanwezig in alles wat een verbinding met het Universum nodig heeft. Wie zijn wij om te bepalen wat heilig is? Het onpersoonlijke Universum beziet alles als heilig en is daarom verbonden met alles.

Veel van de energieën hebben we ontdekt door gebruik te maken van wichelroedes en door meditatie. Deze methodes worden niet beschreven, omdat ze buiten het kader van dit boek vallen. Je kunt je deze methoden eigen maken door studie van andere boeken, door les te nemen en het belangrijkste, door te oefenen. Al onze ontdekkingen zijn door ons op vele manieren gecontroleerd. De energieën kunnen alleen echt voor je gaan leven door ze te gebruiken en ze zo te begrijpen.

Dit boek is samengesteld uit een aantal delen, om op die manier de veelheid aan informatie in categorieën onder te brengen, die min of meer op zichzelf staan.

• Deel I laat de onzichtbare natuur van Spirituele Plaatsen zien door een beschrijving van hun energieën en etherische structuren. Het zijn deze energieën en structuren die zowel de

Plaats als de aarde helpen hun vibratie aan te passen aan dit moment in de tijd.

• Deel II beschrijft de aarde als een Spirituele Plaats.

• Deel III gaat in op de veelheid van manieren waarop de energieën en structuren praktisch gebruikt kunnen worden.

• Deel IV toont een methode om de universele energieën te gebruiken voor kaartleggen.

• Deel V geeft de definities van de universele energieën op een manier zodanig dat de energieën praktisch te gebruiken zijn.

We beschrijven de energieën om twee redenen.

Ten eerste, zijn de energieën onderverdeeld in logische categorieën om het onthouden te vergemakkelijken.

Ten tweede, laten we zien dat kaartleggen een goede methode is om antwoorden te krijgen op de dringende vragen die iedereen van tijd tot tijd heeft.

Inherent aan de energieën, de etherische structuren en hun verbindingen zijn de antwoorden op vele vragen. Zoals:

Wat is de basis van astrologie?

Waarom voelt de ene plaats anders aan dan een andere?

Wat trekt me naar een bepaalde plaats?

Wat is het verband tussen de gedachten en de acties van de mensheid en de veranderingen van de aarde?

Hoe verhouden de accupressuurpunten en de meridianen van het lichaam zich tot gezondheid en welzijn?

Natuurlijk is het wel nodig dat je de energieën bestudeert wanneer je de antwoorden wilt vinden!

Tot slot, het kan zijn dat de informatie die in dit boek gepresenteerd wordt hier en daar wat spaarzaam lijkt. Reden hiervoor is dat het onze intentie is om een beknopte referentie te geven. Het onderzoek gaat door en met het verstrijken van de tijd komen meer informatie en duidelijker beschrijvingen beschikbaar.

Meditatie is een veel gebruikte methode om de energieën en

etherische structuren te ontdekken en te begrijpen. Meditatie kan de lezer ook helpen de energieën te begrijpen en om te werken met dit boek. Om in meditatie met de energieën te werken is het nodig dat de meditatie in hoge mate interactief is. Het is nodig om in de meditatie met de energieën te communiceren. De energieën zijn levende, bewuste wezens en hebben deze interactie nodig om met ons te communiceren.

Deel I
De Energie van Spirituele Plaatsen

Door de jaren heen hebben we ontdekt dat letterlijk alles een Spirituele Plaats is. In de volgende hoofdstukken zullen we deze ontdekkingen schetsen en hopelijk helpen begrijpen wat een Spirituele Plaats definieerd.

Spirituele Plaatsen

Toen we onze zoektocht begonnen namen we aan dat Spirituele Plaatsen relatief zeldzame, begrensde en geïsoleerde plaatsen waren zoals meditatie ruimtes, tempels en kerken. Later, waren we verbaasd te ontdekken dat de energieën die een Spirituele Plaats definiëren in enorme aantallen voorkomen. Er zijn letterlijk tientallen significante Spirituele Plaatsen te vinden in een woonhuis of werkplek. Sommige plekken zijn slechts zichtbaar voor zeer fijn afgestelde zintuigen, terwijl anderen, zoals een veel gebruikte kapel, sterke energieën hebben die gemakkelijk te voelen zijn. Een meditatieruimte geeft een gevoel van kalmte, terwijl de meer chaotische, maar net zo spirituele, energie van een keuken beter gevonden kan worden door de gevoeligheid van een wichelroede. Beiden hebben hetzelfde algemene energiepatroon en verschillen alleen in sterkte en in het doel van de energie. Beiden zijn Spirituele Plaatsen.

Wat is een Spirituele Plaats

Het aantal Spirituele Plaatsen is enorm waar je ook maar kijkt. Spirituele Plaatsen worden niet alleen in hun fysieke aanwezigheid bepaald, maar ook door een herkenbare verzameling etherische energieën.

Dergelijke energieën zijn bijvoorbeeld aanwezig in een 5000 jaar oude steencirkel zoals Castel Rigg (zie foto) en in de grote piramide in Egypte. Ook komen ze voor in kerken, tempels en synagogen, onafhankelijk van hun leeftijd. We hebben dezelfde energieën ook aangetroffen in iconen en voorwerpen zoals ringen, kruisen en kaarten. We kwamen erachter dat iedere persoon, ofwel ieder bewust wezen, verbonden is met deze energieën. De vertegenwoordiging van de energieën is uniek op iedere Plaats en geeft daardoor een eigen gevoel of identiteit. De componenten en constructies zijn echter altijd hetzelfde. We ontdekten dat Spirituele Plaatsen aanwezig zijn overal waar een verbinding met het Universum nodig is. Het lijkt erop dat het Universum iedere creatie insluit en dat daarom iedere creatie een universele verbinding heeft. Misschien is het tijd om eens opnieuw te kijken naar de definitie van 'bewust'!

Spirituele Plaatsen hebben een kracht die meestal niet gezien maar wel gevoeld kan worden. Bijvoorbeeld: "Toen ik jaren geleden door een moeilijke tijd in mijn leven ging, voelde ik de behoefte om een oude kerk binnen te gaan voor enkele stille momenten van contemplatie. Toen ik de kerk binnenging werd ik omgeven door een gevoel van welzijn en kalmte. Ik voelde me meteen beter en besefte dat, wat er ook zou gebeuren, het wel goed zou gaan. Jaren later had ik een vergelijkbare ervaring tijdens een reis door Engeland. Ik voelde de aandrang om de White Eagle Lodge te bezoeken, die bekend staat om zijn helende kwaliteit. Het hoofdkenmerk van de lodge is dat de tempelruimte bestaat uit een cirkel van twaalf pilaren. De tempel wordt door alle leden en bezoekers gerespecteerd en in ere gehouden. Toen ik de tempel binnenkwam werd ik overweldigd door een enorm vredig gevoel van liefde en kalmte. Ik voelde de energieën sterker dan ik ooit had gedaan."

De energieën van deze twee plaatsen lijken verschillend en hebben hun eigen onveranderlijke karakter. Deze Plaatsen hebben het vermogen om zichzelf in stand te houden. Zij hebben een blijvende kracht.

Objecten hebben ook een unieke kracht en tevens een 'force'. De kracht van een object is de expressie van zijn doel, en de 'force' is de beweging van die expressie. Kracht, zoals we het hier gebruiken is geen dominantie, het is expressie die niet gezien, maar gevoeld wordt.

Deze kracht kon ik thuisbrengen toen ik gefascineerd raakte door tarotkaarten. Ik vroeg me af waarom iedere kaart een individuele energie en een individueel doel heeft. Er scheen een aantrekkingskracht te bestaan tussen de energieën van de kaarten, de energie van de vraag, en de energieën van de kaartlegger, de cliënt en de universele wijsheid. De wichelroede liet zien dat iedere kaart een energiepatroon heeft dat op een identieke manier geconstrueerd is zoals die van een Spirituele Plaats als een kerk. Dit energiepatroon bezit alle ingrediënten om de unieke eigenschappen van de kaart te definiëren en om deze eigenschappen altijd aanwezig te laten zijn. Met andere woorden, iedere tarotkaart heeft een doel dat de kaart een herkenbare energie geeft en zijn eigen Spirituele Plaats creëert. Er wordt een energie gecreëerd, die aanraakt en kan worden aangeraakt op een zodanige manier, dat de universele wijsheid kan helpen bij het selecteren van een kaart voor iedere vraag die gesteld wordt. De wijdsheid van het antwoord gaat ons aards waarnemingsvermogen te boven. Hoewel Spirituele Plaatsen gelijksoortige componenten hebben, dienen zij door hun unieke werkwijze uiteenlopende doelen.

Spirituele Plaatsen bestaan omdat er behoefte bestaat aan een verbinding tussen het hogere doel van het Universum en ons menselijke verlangen om te begrijpen. Wij hebben de behoefte een bron aan te boren die een bekend doel heeft en die niet teveel verandert door de tijd heen. We creëren Spirituele Plaatsen omdat we in ons leven stabiliteit nodig hebben. We hebben ze nodig omdat zij ons verbinden met onze bron en ons Universum. Zij zijn onze stille vrienden die voor een zachtmoedige begeleiding op ons pad zorgen.

Het resultaat van het creëren en gebruiken van een Spirituele Plaats staat altijd in verband met onze individuele spirituele groei en met het Universum. We mogen ons gelukkig prijzen dat Spirituele Plaatsen gecreëerd kunnen worden ook al hebben we niet het flauwste benul van hun bestaan of van hun uiteindelijke functie. Wanneer wij een behoefte creëren of uitspreken doet het Universum de rest.

Wat Maakt een Spirituele Plaats Krachtig

De kracht van een Spirituele Plaats hangt af van zijn vermogen zijn doel tot uitdrukking te brengen. Kracht is dus expressie. Dit type kracht bestaat uit een onpersoonlijke energie en overheerst niet. De kracht van een Spirituele Plaats wordt voornamelijk gevoeld en kan alleen worden gezien door heel gevoelige ogen of met behulp van meditatie. Iedere persoonlijkheid die aan een Spirituele Plaats wordt toegeschreven is in feite een uitdrukking van een op persoonlijkheid van de gebruiker gebaseerd perspectief. De Plaats interesseert het niet hoe hij wordt gebruikt, hij drukt zijn doel uit door middel van energieën die geen persoonlijkheid hebben. De kracht of expressie van een Spirituele Plaats wordt door drie voorwaarden bepaald: *gebruik, respect en focus.* De Tibetaanse stoepa in de afbeelding hieronder laat deze voorwaarden duidelijk zien.

Laten we eens gedetailleerd naar deze voorwaarden kijken...

Gebruik

Hoe meer een Plaats gebruikt wordt des te krachtiger hij wordt. Dit kan gemakkelijk geverifieerd worden door een bezoek te brengen aan een veel gebruikte religieuze Plaats en aan een vergelijkbare Plaats die niet meer wordt gebruikt. De druk bezochte plaats van verering heeft een sterkere energie. Of je nu van deze energie houdt of niet, het veelvuldig gebruik maakt hem krachtiger. Dat komt doordat de universele energieën die de plaats onderhouden zich met ieder gebruik vernieuwen, in ieder geval tot op zekere hoogte. In hoeverre dat gebeurt hangt af van andere factoren zoals respect en focus.

Wanneer de energieën voor langere tijd niet worden gebruikt, keren zij naar hun bron terug. Echter, de energieën kunnen weer worden opgeroepen wanneer de Plaats weer in gebruik wordt genomen. Als, om welke reden dan ook, het gebruik van een Plaats wordt veranderd, of wanneer de Plaats wordt toegewijd aan een nieuw doel, dan zullen de oude energieën in korte tijd verdwijnen. Nieuwe energieën worden opgebouwd met ieder gebruik van het veranderde doel. Desalnietemin wordt het nieuwe doel altijd gebouwd op de oude fundamenten van de Plaats.

Respect

Hoe meer een Plaats wordt gerespecteerd, des te krachtiger hij wordt. Respect betekent op zijn minst het erkennen van de energieën en deze te bedanken voor iedere keer dat de Plaats gebruikt wordt. De energieën hebben weliswaar geen persoonlijkheid en geen behoefte aan herkenning; ze leven en ze groeien.

De vitaliteit van een Plaats wordt duidelijker gevoeld wanneer hij gebruikt wordt voor het doel waaraan hij is toegewijd. De Plaats wordt krachtiger door te erkennen, dat er iets gebeurd is door het gebruik ervan. Erkenning komt voort uit de waardering voor de energie die is besteed door de gebruikers en door het Universum.

Een teken van respect is ook het in stand houden van een beschermende cirkel rondom de Plaats. Een hek om een begraafplaats of een aparte kamer als meditatieruimte geeft bescherming. Als een Plaats voor meerdere doelen wordt gebruikt, zoals voor gebed en voor spel, wordt de energie van ieder doel in stand gehouden, maar geen van beiden kan tot volle ontplooiing komen.

Roddel vermindert respect. Niemand vindt het leuk wanneer er achter zijn rug om over hem wordt gepraat, zeker niet als het gesprek gebaseerd is op een gebrek aan feitelijke informatie of geloofwaardigheid. Op vergelijkbare wijze voelt de Spirituele Plaats gebrek aan respect als erover wordt geroddeld. Het is niet zo dat de gevoelens van de Plaats worden gekwetst, hij heeft tenslotte geen ego-persoonlijkheid, maar roddel toont een gebrek aan respect van de gebruikers, waardoor de kracht van de Plaats wordt verminderd.

Focus

Je focus gedurende de voorbereiding en het gebruik van een Plaats is belangrijk voor de opbouw van een krachtige Plaats. Maar, wat misschien nog belangrijker is, het helpt je om de Plaats met een beter resultaat te gebruiken. Scherpe focus creëert een sterke intentie. Intentie ondersteunt en erkent een goed resultaat van de interactie tussen jou en de Plaats.

Een ritueel vergroot de intentie en verscherpt de focus door de herhaling ervan. Het ritueel zelf is niet het belangrijkste; het is de focus die gecreëerd wordt door het ritueel. De Plaats voelt de focus en reageert daarop met krachtiger energieën.

Wanneer je focus een oordeel met zich meebrengt, dan kan dat de communicatie blokkeren en het is mogelijk dat je niet meer kunt afgaan op de interactie met de Spirituele Plaats. Dit kan vooral gebeuren wanneer een Plaats wordt gebruikt voor een ander doel dan waaraan het is toegewijd. Onbetrouwbaarheid kan ook binnensluipen wanneer je focus is gericht op een van tevoren vastgesteld resultaat of wanneer je je uitsluitend concentreert op het resultaat van je focus. Wanneer je focus echter is gericht op de samenwerking met de Spirituele Plaats, en je open staat voor nieuwe informatie, dan kan een goed resultaat worden bereikt. In deze samenwerking wordt een partnerschap gecreëerd tussen jou en de Spirituele Plaats. Partnerschap impliceert gelijkwaardigheid tussen jou en de Spirituele Plaats. In de ogen van het Universum zijn de energieën van jou en van de Plaats gelijkwaardig. Als je van deze gelijkwaardigheid absoluut overtuigd bent, houd je dan maar stevig vast, want dan zal de kracht die door deze partnerschap wordt gecreëerd veel goeds in je leven brengen.

Kort samengevat komt een heldere universele interactie tot stand door een aantal etherische structuren die aanwezig zijn in iedere Spirituele Plaats. Deze structuren zijn onzichtbaar voor fysieke ogen maar zijn net zo werkelijk als de Plaats zelf.

De kracht van een Spirituele Plaats is de expressie van het doel van de Plaats en groeit door gebruik, respect en focus.

Componenten van een Spirituele Plaats

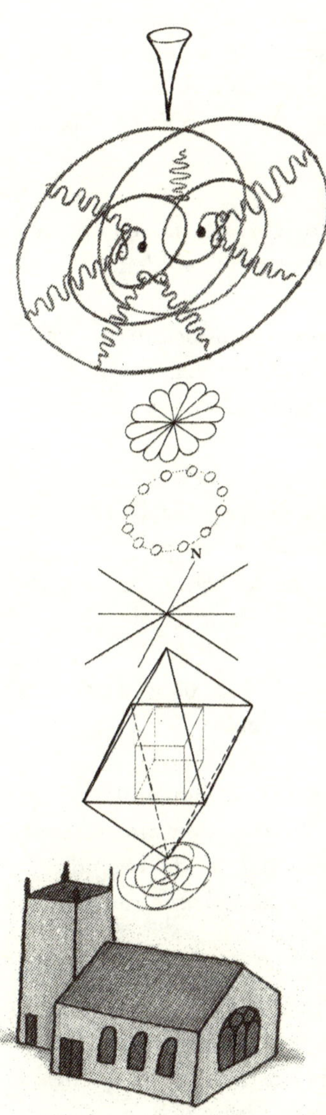

Om een Spirituele Plaats, of enig andere connectie met het Universum, te hebben en te onderhouden zijn er zeven componenten nodig: **motivatie** (een reden om hem te gebruiken), **levenskracht** (het bestaat), **bestendiging** (het behoeft een lang leven), **vorming** (het manifesteert de energieën), **identiteit** (het geeft ons een samenhangende en unieke interactie), **evolutie** (het groeit met de tijd mee) en **geheugen** (het legt de evolutie vast zodat veranderingen betekenisvol zijn).

Het belangrijkste component is het fysieke object of de ruimte die is gebouwd als resultaat van de motivatie. Motivatie komt voort uit de filosofische wortels van de mensheid. Wij zijn gemotiveerd om een antwoord te vinden op de vraag: Waarom zijn wij hier en wat doen we daar mee? Deze filosofische wortels worden in een Spirituele Plaats uitgedrukt door middel van een interessante groep etherische componenten. Zonder een toegewijde fysieke ruimte kan een Spirituele Plaats niet bestaan. Al het andere is het resultaat van een motivatie die groot genoeg is om tot een fysieke creatie te leiden.

Levenskracht, bestendiging, vorming, identiteit, evolutie en geheugen worden ondersteund door daarmee corresponderende etherische structuren. Deze structuren kunnen niet met fysieke ogen gezien worden maar kunnen wel gevonden en geïdentificeerd worden met wichelroedes. Deze etherische structuren vormen de schakels tussen de spirituele en fysieke werelden. Bovendien is er een energiestroom die de etherische componenten, het Universum en de fysieke Spirituele Plaats verbindt.

Motivatie verschaft de energie om een Spirituele Plaats te construeren en toe te wijden.

Levenskracht wordt gegeven door een vier-polige magneet en een spiraal die een hartslag heeft, vergelijkbaar met die van ons menselijk hart.

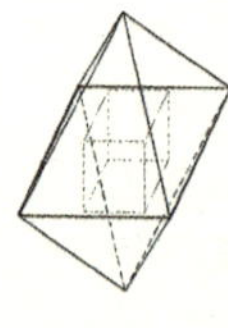

Bestendiging komt voort uit een piramidestructuur die alles op zijn plaats verankert. In de piramide is een perfecte kubus te vinden die een stabiele arena voor het manifesteren van de energieën verschaft.

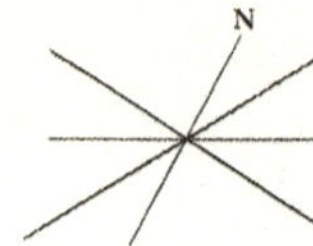

Vorming wordt verzorgd door de vier elementen, de richtingen en de winden.

Identiteit komt voort uit een bloembladachtig complex van energieën, dat communiceert met een universeel systeem, dat het doel van de Plaats stabiliseert en veranderingen mogelijk maakt.

Evolutie komt voort uit wat we een cirkel van wijsheid noemen, die de universele energieën laat voortduren en balans met de universele wetten houdt terwijl de Plaats zich ontplooit.

Geheugen ligt opgeslagen in de etherische structuren, die de essentie van de Plaats vasthouden, zodat de Plaats niet afwijkt van zijn doel wanneer significante veranderingen plaatsvinden. Het geheugen heeft ook de mogelijkheid om te communiceren met ieder andere Spirituele Plaats, inclusief de mens.

Deze zeven structuren zijn, op hun beurt, verbonden met andere Plaatsen zodanig dat identiteiten verenigd worden, niet alleen op de aarde maar door het hele Universum heen...

Motivatie en de Fysieke Plaats

We hebben sinds het begin van de betrokkenheid van de mensheid met de aarde, wanneer we ons gefrustreerd voelden of iets wilden begrijpen wat buiten ons ervaringsveld lag, naar boven gereikt omdat we geloofden dat daar grotere wijsheid te vinden was. Intuïtief wisten we dat we iets nodig hadden dat de spirituele wereld en de aarde met elkaar verbindt.

De traditionele manier waarop we dit deden was door het uiten van onze individualiteit, ofwel gedreven door onze behoefte, ofwel door ons ego. We hebben dit gedaan door aardegebonden iconen te construeren zoals een altaar, tempel, kerk of steencirkel. Of door het eren en respecteren van reeds bestaande iconen zoals een boom, een groep bomen, een bloem of een rots.

Deze Plaatsen vertegenwoordigen nog steeds een brug tussen ons bewustzijn en het onbekende Universum. Zij representeren ons respect voor dat wat belangrijk voor ons is. Daarom noemen we ze heilige plaatsen of Spirituele Plaatsen.

Motivatie verdwijnt, tenzij een manier gevonden wordt om onze schepping een praktische, fysieke uitdrukking te geven. We hebben de behoefte om betrokken te zijn bij één of andere fysieke aktiviteit. Soms zijn we zeer gemotiveerd en bouwen we enorme gebouwen zoals kathedralen. Soms hebben we behoefte aan een meer onmiddellijk resultaat en wrijven eenvoudigweg een steen die we in onze zak bij ons hebben. Ook kunnen we een fysieke vertegenwoordiging van de energieën bouwen in de vorm van een medicijnwiel of een steencirkel. Of we nemen een jaar vrij om rond de berg Kailas in Tibet te trekken. Al deze methodes zijn even waardevol zo lang er respect is en ze gebruikt worden. Met andere woorden, onze motivatie wordt tot uitdrukking gebracht door onze fysieke aktiviteit, ofwel door het construeren van, dan wel door een pelgrimstocht naar een Spirituele Plaats.

De fysieke Plaats met het daaraan verbonden doel is het begin van waar uit al het andere ontstaat. Zonder het fysieke anker en de visuele identiteit wordt praktisch gebruik onmogelijk. Zowel de fysieke plaats als de etherische componenten zijn nodig om een brug te creëren tussen de fysieke en spirituele werelden.

Het Pulseren en de Vierpolige Magneet

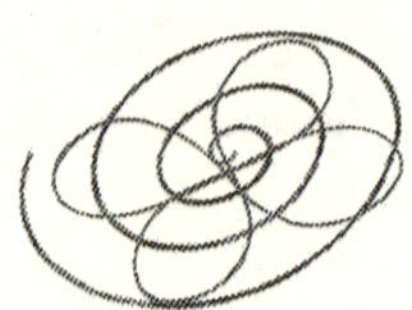

Er is een wisselwerking tussen de pulserende beweging die door de vierpolige magneet wordt gecreëerd en de energieën van de Spirituele Plaats. Deze pulserende beweging is de hartslag van de Plaats die net als het menselijk hart de vitaliteit reguleert.

De pulserende beweging ontstaat door de beweging van de vierpolige magneet die roteert, terwijl de elkaar kruisende armen samengedrukt of uitgerekt worden. Deze pulserende beweging wordt gedetailleerd beschreven in het hoofdstuk over de energie stroom.

De vierpolige magneet is altijd gesitueerd in het centrum van de etherische structuren van de Spirituele Plaats. Andere etherische structuren binnen de Plaats maken gebruik van de beweging om zo de energie in de Plaats te laten bewegen en mengen. Dit betekent dat de vierpolige magneet letterlijk de pomp is die de levenskracht van de Plaats doet stromen.

De Spiraal

De vierpolige magneet van iedere Plaats heeft een spiraal die in- en uitdraait vanuit het centrum. De spiraal gaat drie keer rond, voor spirituele, mentale en fysieke interactie.

De energie pulseert door deze spiraal, aangezet door de vierpolige magneet en beweegt naar de buitenste rand waarna het weer terugkeert naar het centrum. Deze beweging maakt de interactie van de energie met de rest van de Plaats mogelijk op fysiek, mentaal en spiritueel niveau. De beweging naar buiten toe, met de klok mee, is vragend. De beweging naar binnen toe, tegen de klok in, is ontvangend.

De Lemniscaat

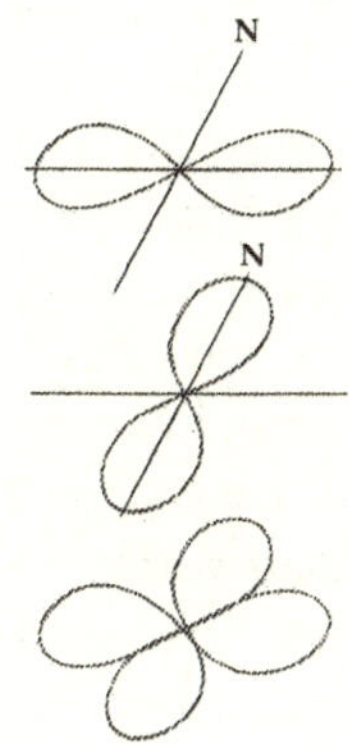

De lemniscaat biedt een pad voor interactie tussen etherische en fysieke energieën, op een dusdanige wijze dat een brug gevormd wordt, tussen de fysieke en spirituele werelden. Deze overbrugging vindt plaats via twaalf energieën, de stappen van manifestatie. Veel lemniscaten bestaan per paar. De energie van de lemniscaat stroomt ontvangend, tegen de klok in, in de zuidelijke en westelijke lussen. De energiestroom gaat dan verder, actief, met de klok mee, in de noordelijke en oostelijke lussen. Wanneer je met wichelroedes op zoek gaat naar etherische structuren, vind je vaak vele lemniscaten. De meesten zijn eigenlijk echo's van de lemniscaat op de plaats van de vierpolige magneet.

NOORD

Het pad van manifestatie start met het passeren van de energieën van de Dageraad, het Ontwaken, de Begroeting, het Vragen, het Reflecteren en het Lanceren. De richting tegen de klok in betekent dat je in de eerste zes stappen van manifestatie helderheid ontvangt over dat wat wordt gemanifesteerd. De tweede lus van de lemniscaat passeert door de energieën van het Loslaten & Acceptatie, de Energie van Manifestatie, het Fundament, Het Begin, de Manifestatie en de Soliditeit. De richting met de klok mee van deze lus voorziet in de actieve kracht die manifesteert. De noord-zuid gerichte lemniscaat brengt universele wijsheid in fysiek bruikbare vorm. De oost-west gerichte lemniscaat geeft de energieën in een fysiek herkenbare vorm.

De Piramide

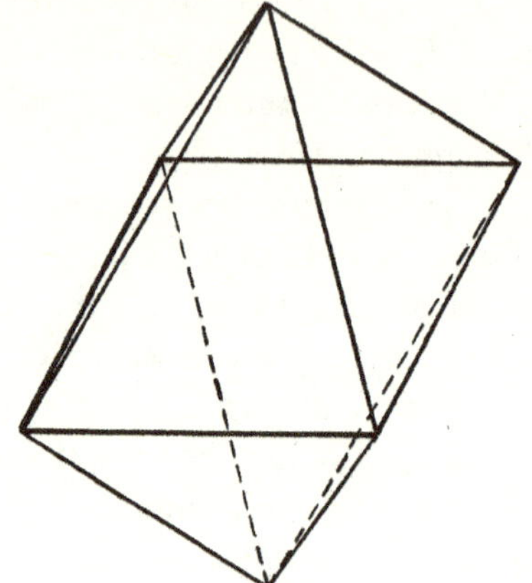

De piramide wordt door het Universum gecreëerd in antwoord op onze behoefte om een Plaats voor langere tijd te gebruiken. De energie van een Plaats wordt verankerd en bestendigd via een piramidestructuur. De piramide kan etherisch zijn binnen een fysieke structuur, of volledig etherisch. Bijvoorbeeld binnen de piramide-achtige vorm van daken of koepels van kerken. Een heuvel of een rots werken goed in een natuurlijke omgeving. Deze fysieke structuren dienen om een etherische piramide te herbergen. We hebben echter gevonden dat alle Plaatsen, speciaal diegenen in de natuur, een etherische piramide hebben die de energie bestendigd zonder dat een fysieke piramidestructuur nodig is.

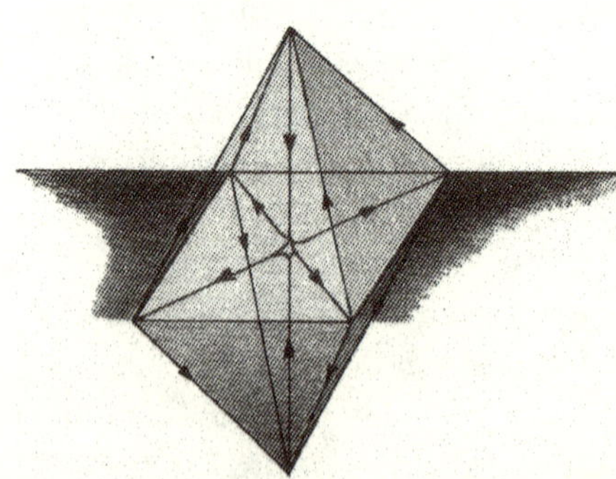

Iedere piramide is als een motor die de energie continu door de Plaats laat circuleren zodat de energie niet stagneert. De vorm voorziet in een raamwerk voor die beweging van energie. De energiebeweging begint in de basis van de piramide, gaat dan omhoog over de zijdes, stroomt terug naar de basis door het centrum van de piramide waar het zich opnieuw verspreid naar de zijdes. Deze stroom mengt de energieën binnen de piramide.

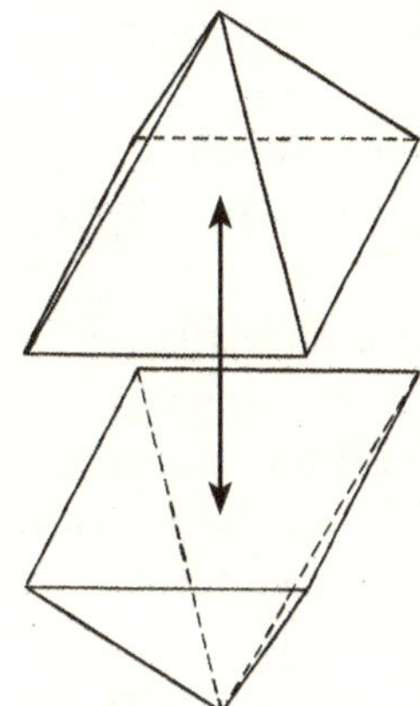

De piramide is eigenlijk een octaëder die de energieën van de spirituele wereld boven en de fysieke wereld beneden continu laat circuleren. Deze stroom wordt een voortdurende beweging van energie die dient om de energie van de fysieke Plaats te verankeren.

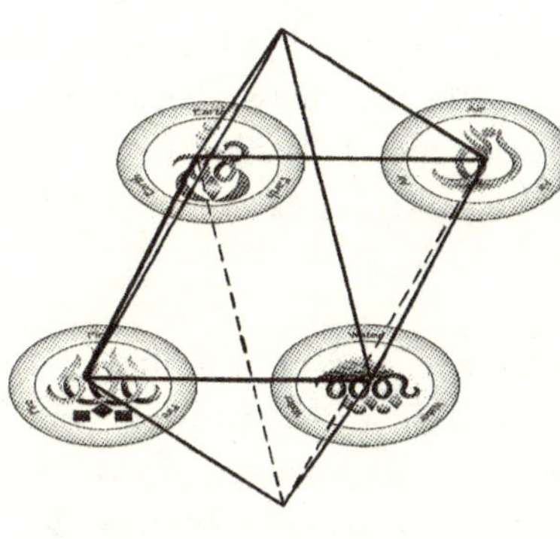

Op iedere hoek van de piramide bevindt zich de energie van een element. Deze plaatsing mengt de energie van Aarde, Water, Vuur en Lucht met de spirituele (boven) en fysieke (beneden) werelden. Het uiteindelijke resultaat is dat alle ingrediënten die nodig zijn om het doel van de Plaats te manifesteren door de piramide verankerd en gecirculeerd worden. Dit creëert een balans tussen spirituele wijsheid en fysieke praktijk.

De verankerde elementale energieën worden ook gevoed aan alle andere energieën en structuren van de Plaats. Op deze manier wordt de stabiliteit van de gehele Plaats verzekerd.

De 'Cube of Space'

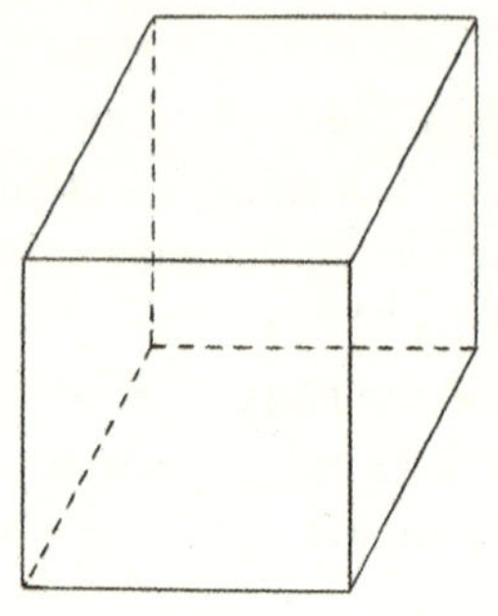

De 'Cube of Space' is een perfecte, kubusvormige etherische ruimte. Het is de arena waarin manifestatie kan plaatsvinden, en completeert daardoor de brug tussen het fysieke en het spirituele, samen met de vierpolige magneet. De vierpolige magneet rust in het exacte centrum van de 'Cube'. Ieder deel van de 'Cube' is een component van de groeicyclus die aan de mensheid en aan de schepping gerelateerd is. Je kunt je de 'Cube' voorstellen als een punt halverwege de spirituele wereld en de fysieke wereld. De oorspronkelijke energieën van de 'Cube of Space' zijn in vele esoterische teksten beschreven en worden gewoonlijk in verband gebracht met de tweeëntwintig Grote Arcana-kaarten van de Tarot en met de Kabbalah.

Het werken met de wichelroedes heeft vier extra componenten van de 'Cube' getoond.

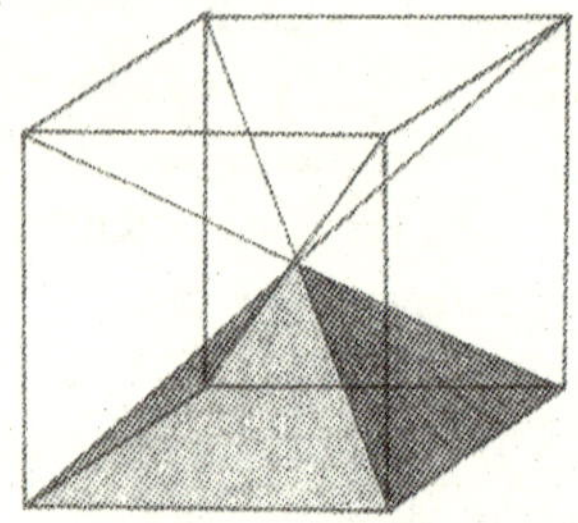

Deze toevoegingen bestaan uit de hoeken van de 'Cube' die door vier diagonalen verbonden zijn. Deze verdeling vormt zes naar binnen toe gerichte piramides. De toppen van de piramides komen bijeen in het centrum van de 'Cube' en hun bases vormen de zijkanten van de 'Cube'.

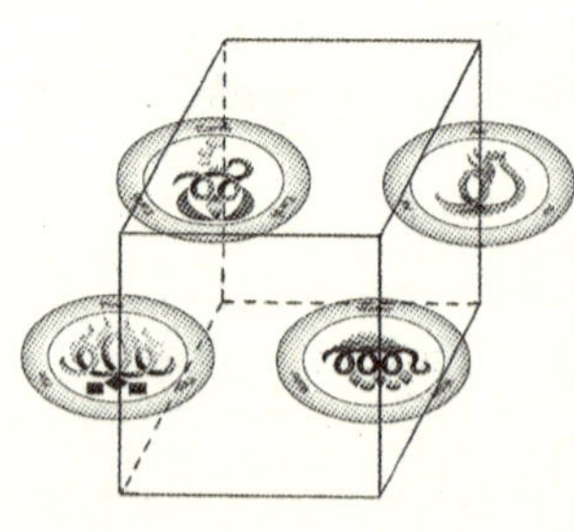

De vier verticale randen van de 'Cube' zijn verbonden met de elementen. Deze bevinden zich in de vier hoeken van de piramide. Het resultaat is dat de elementale energieën in het midden van iedere verticale rand van de piramide gereproduceerd worden. De zes toppen komen samen in het centrum van de 'Cube'. Deze diagonale energieën zorgen voor een verbindende stroming tussen de zijkanten en het centrum van de 'Cube'. Deze verbinding geeft de 'Cube of Space' een 'stem' waarmee de 'Cube' uitdrukking kan geven aan datgene waar het mee werkt. Het concept of het idee waar de 'Cube' mee werkt krijgt dan een etherische vorm. Deze vorm wordt dan uiteindelijk fysiek gemanifesteerd.

Vorming & Fundamentele Energieën

NOORD

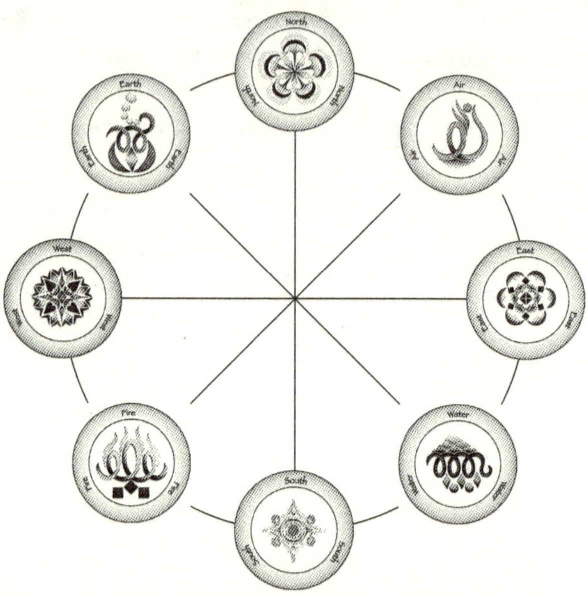

De fundamentele energieën bestaan uit drie sets van energieën die nodig zijn voor manifestatie; de ingrediënten voor manifestatie, de elementen. Het inzicht nodig voor de manifestatie, de richtingen. De beweging die nodig is om alles bij elkaar te brengen voor de manifestatie, de winden.

Deze twaalf energieën zijn altijd aanwezig, zelfs wanneer ze niet doelbewust geplaatst of erkend worden. Bij iedere gedachte die wordt uitgedrukt, of ieder project dat wordt gebouwd zijn de fundamentele energieën betrokken.

De natuurlijke plaats voor deze twaalf energieën is hierboven weergegeven met de richtingen zoals een kompas ze aangeeft en met Aarde in het noordwesten, Vuur in het zuidwesten, Water in het zuidoosten en Lucht in het noordoosten. Hoewel er meerdere mogelijkheden zijn, laat het diagram het meest produktieve en gebalanceerde arrangement zien.

De fundamentele energieën zijn verankerd in iedere Spirituele Plaats in de vier hoeken van de piramide. Hun energieën voeden de Plaats en manifesteren de uitdrukking van zijn identiteit.

De Vier Elementen

De elementen verschaffen de ingrediënten voor manifestatie.

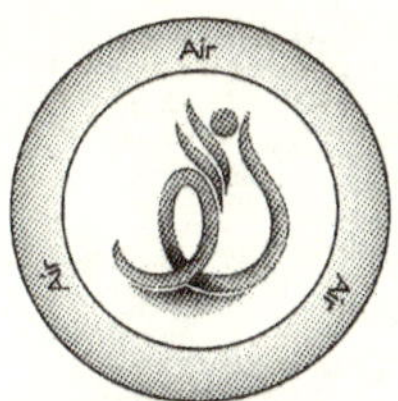

Lucht creëert de ruimte die nodig is voor manifestatie.

Vuur creëert de beweging die nodig is voor manifestatie.

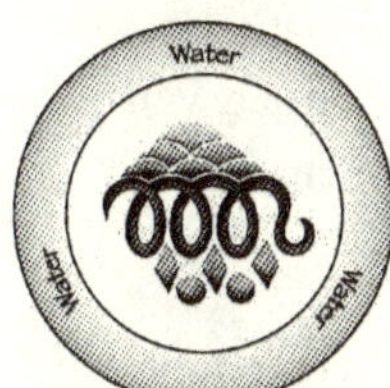

Water condenseert de beweging in iets dat vorm gegeven kan worden.

Aarde neemt dat wat gevormd kan worden en geeft het vaste vorm.

De Vier Richtingen

De richtingen plaatsen iedere vorm van interactie in perspectief, zodanig dat interpretatie van deze interactie mogelijk wordt.

Het Noorden staat voor wijsheid en geeft een overzicht van dat wat gemanifesteerd moet worden.

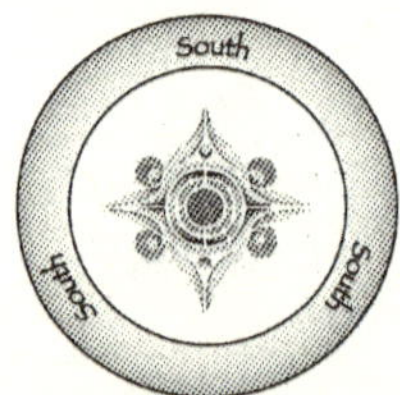

Het Zuiden staat voor onschuld en geeft je de details van alles wat nodig is om te manifesteren.

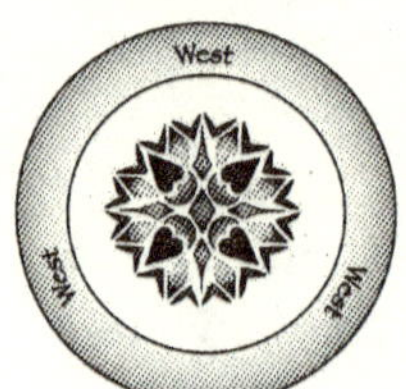

Het Westen staat voor het aanzetten tot beweging en laat je de stappen van schepping maken.

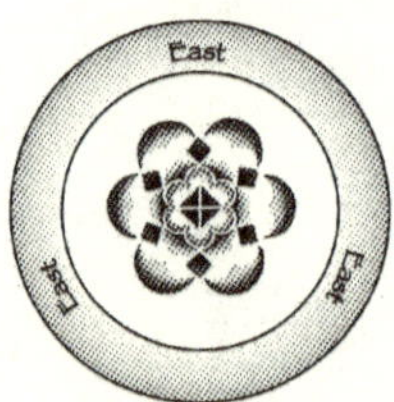

Het Oosten staat voor de vaste vorm en laat je de duurzame stabiele vorm zien en gebruiken.

De Vier Winden

De winden zorgen voor de doelbewuste beweging, de 'force', die nodig is om alles te manifesteren.

De Noordenwind assimileert alle factoren die nodig zijn om het doel te bereiken.

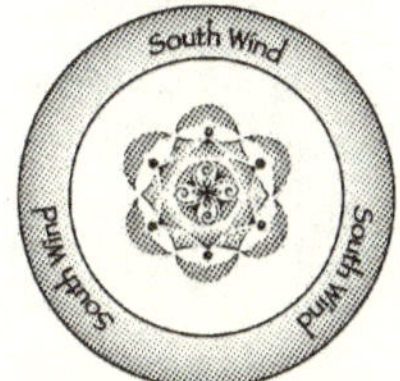

De Zuidenwind voegt een stabiele onschuld toe, die voor een heldere focus zorgt.

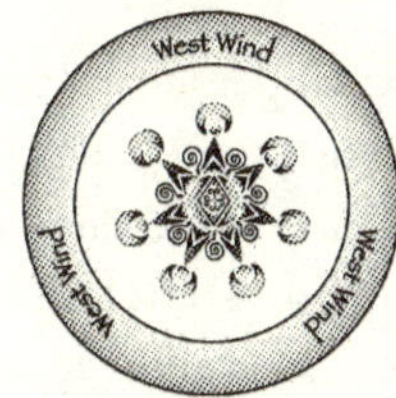

De Westenwind voegt een stimulerende beweging toe die het hele proces op gang brengt.

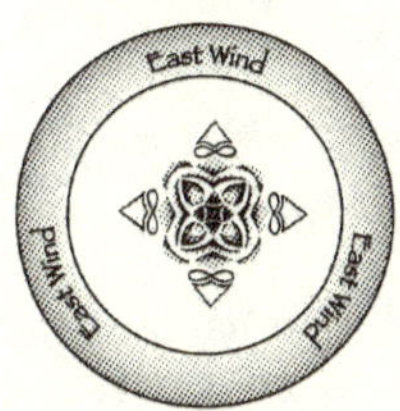

De Oostenwind creëert een ontwaken, dat het mogelijk maakt het resultaat te herkennen.

De basis voor de bovenstaande informatie komt uit "Creation It's Laws and You" door June K. Burke.

Plaatsing

Elementale Lijnen

Twee arrangementen zijn mogelijk:

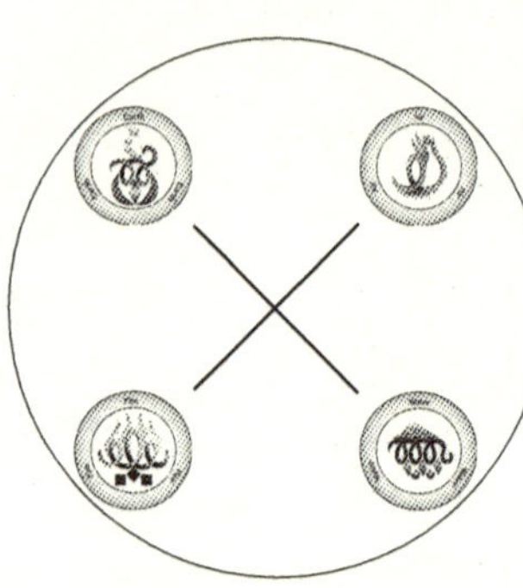

Het eerste arrangement heeft de voorkeur en wordt gevonden in alle Spirituele Plaatsen. Het plaatst Aarde-Water en Vuur-Lucht tegenover elkaar. Een dergelijke plaatsing creëert een balans tussen de energieën. Bovendien brengt het de focus van de energieën in het centrum van de elementen.

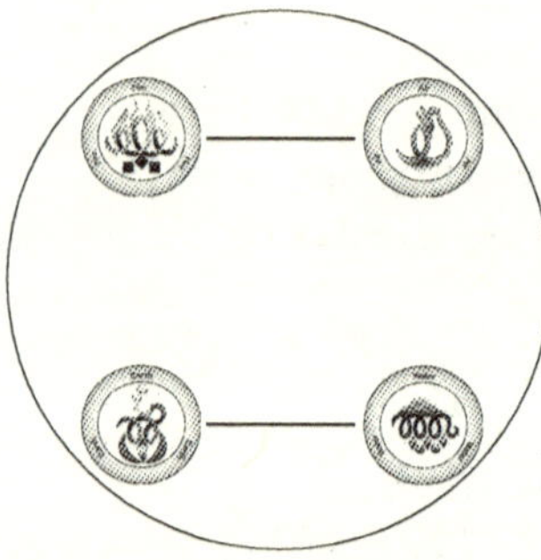

Het andere arrangement plaatst Vuur-Lucht en Aarde-Water parallel met elkaar. Dit arrangement creëert een energie die de focus van de energieën wegdrukt uit het centrum van de elementen.

Richtingslijnen

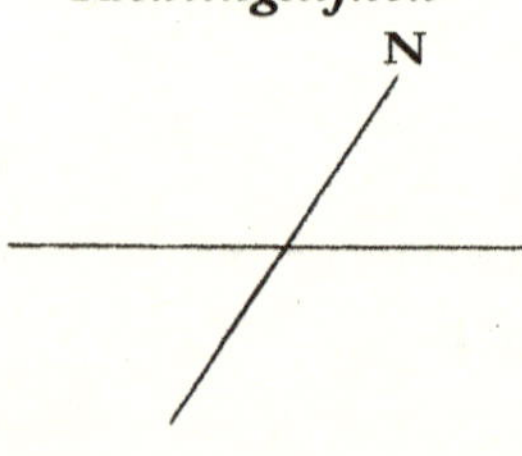

De richtingslijnen gaan vanuit het centrum van de Plaats in een noord-zuid en oost-west patroon. Ze verzorgen de fundamentele energieën voor de uitdrukking van de Spirituale Plaats. Het patroon van deze richtingslijnen geeft een raamwerk voor het plaatsen van alle andere energieën van de Plaats.

Het Bloembladpatroon

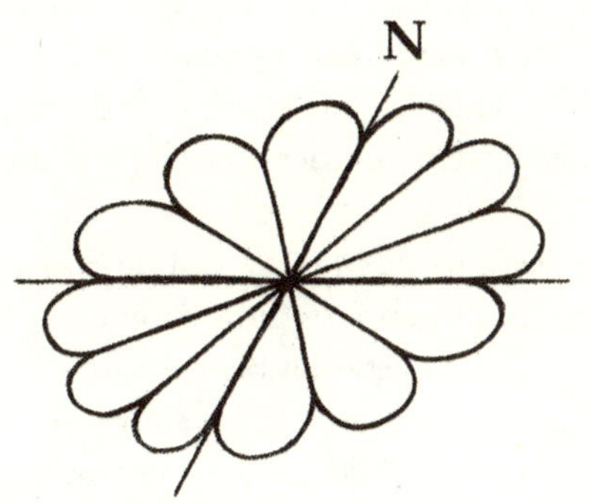

Een bloembladpatroon ontstaat op het moment dat er behoefte aan interactie aanwezig is. Voor een Spirituele Plaats is dit ofwel op het moment van toewijding, danwel de eerste keer dat de Plaats wordt gebruikt. Voor een mens is dat het moment van de eerste ademhaling bij de geboorte. Het doel van het bloembladpatroon is het verzorgen van een etherische interactie die de fysieke en spirituele werelden met elkaar verbindt.

Ieder van ons heeft een permanent bloembladpatroon dat met ons mee beweegt waarheen we ook gaan. Ons individuele patroon groeit in kracht wanneer we ons uitdrukken. Bijvoorbeeld, wanneer we communiceren met iemand anders, een toespraak houden of mediteren. Iedere keer wanneer we uitdrukking geven aan onze identiteit wordt ons bloembladpatroon krachtiger. Bovendien heeft ieder fysiek object zoals een stoel, een sieraad, of een tempel een bloembladpatroon dat het een identiteit geeft.

De universele identiteit van een Spirituele Plaats kan gevonden worden door middel van meditatie. Het bloembladpatroon geeft in feite de energie voor psychometreren. Het is de energie waar we ons op instellen wanneer we meer willen weten over het spirituele aspect van een object.

Het bloembladpatroon geeft een Spirituele Plaats de mogelijkheid om een aan het moment aangepaste energie te verschaffen wanneer onze behoefte of de behoefte van het Universum veranderen. De Spirituele Plaats krijgt bericht wanneer de behoefte van het Universum verandert. Andersom wordt ook het Universum ingelicht wanneer de Spirituele Plaats verandert. Het bloembladpatroon bewaart de eenheid tussen de behoeftes van de mensheid, de behoeftes van de aarde en de behoeftes van het Universum. Het houdt de spiraal van de mensheid binnen de aarde en binnen het Universum synchroon.

Het bloembladpatroon bewaart de intentie van de Spirituele Plaats. Dit is vergelijkbaar met de geboortehoroscoop die de energieën weergeeft waar je mee geboren bent. In de geboortehoroscoop zijn alle energieën voor groei aanwezig en volgens eenieders vrije keuze, beschikbaar voor gebruik. Hetzelfde geldt voor een bloembladpatroon dat is verbonden met een Spirituele Plaats. Alles is aanwezig om mogelijk te maken dat de Plaats groeit en beweegt met en binnen het Universum.

De Bloembladenergieën

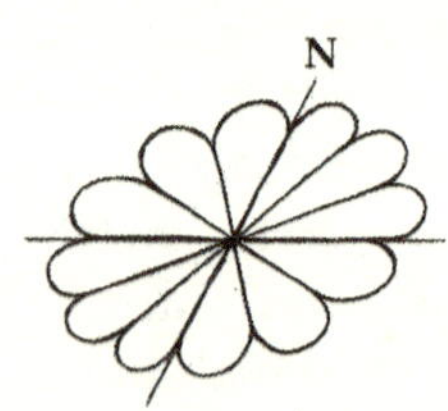

Het patroon van de bloemblad energieën is verdeeld in een aantal wigvormige segmenten met afgeronde hoeken. In werkelijkheid zijn deze segmenten een continue energie, opgebouwt uit een oneindig aantal verdelingen. Toch kunnen ze (als hulp) onderverdeeld worden in categorieën om hun eigenschappen te beschrijven.

De belangrijkste verdeling is in kwadranten die begrensd worden door de noord-zuid en oost-west richtingslijnen.

In ieder bloemblad is een verzamelpunt dat een deel van de identiteit van de Plaats bewaart. Dit kan gezien worden als de persoonlijkheid van de Plaats zonder de competitiebehoefte van het ego. Met andere woorden, het bloemblad bewaart de pure identiteit van de fysieke Plaats, zoals die opgedragen is toen hij gebouwd werd.

De bloembladen, samen met andere etherische structuren geven de Plaats de mogelijkheid van interactie met het Universum of met eenieder die de Plaats gebruikt.

De Vier Kwadranten

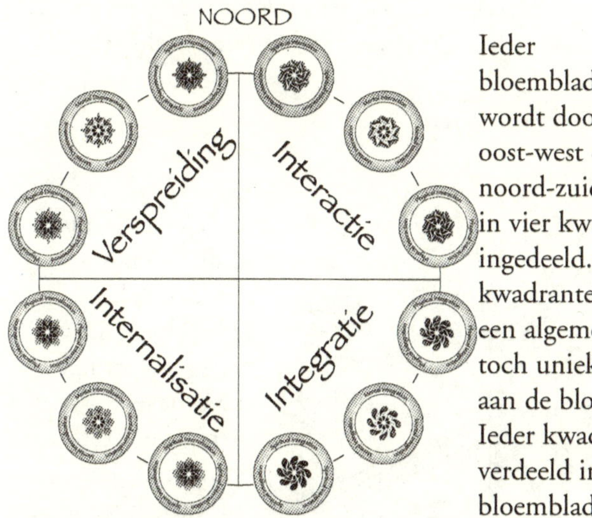

Ieder bloembladpatroon wordt door de oost-west en de noord-zuid lijnen in vier kwadranten ingedeeld. De kwadranten geven een algemene maar toch unieke betekenis aan de bloembladen. Ieder kwadrant is verdeeld in drie bloembladen en ieder bloemblad is onderverdeeld in zeven energieën.

De vier kwadranten vertegenwoordigen:

1. De energieën van internalisatie, de verinnerlijking. Dit zuidwestelijke kwadrant is een naar binnen gericht perspectief. De relatie tussen verschijning, waarden en de onmiddellijke omgeving kan zo worden gezien. Vanuit een persoonlijk standpunt betekent het hoe je jezelf ziet.

2. De energieën van integratie. Dit zuidoostelijke kwadrant brengt los van elkaar staande zaken samen op een manier die overeenstemming brengt. Hoe de zaken in en/of bij elkaar passen kan hier worden gezien.Vanuit een persoonlijk standpunt betekent het hoe je over jezelf denkt en het gevoel dat je over jezelf hebt.

3. De energieën van interactie. Dit noordoostelijke kwadrant vermengt de energieën zodanig dat alle componenten die nodig zijn voor communicatie op een bruikbare manier

worden verbonden. Communicatie is dan mogelijk. Vanuit een persoonlijk standpunt betekent het hoe je met jezelf communiceert.

4. De energieën van verspreiding. Dit noordwestelijke kwadrant verstooit de energieën, zodat nieuwe energieën kunnen ontstaan. Groei is zo mogelijk. Vanuit een persoonlijk standpunt betekent het hoe je je energie in de wereld gebruikt.

De Drie Bloembladen

Ieder kwadrant is onderverdeeld in drie sectoren of bloembladen. Ieder bloemblad vertegenwoordigt respectievelijk fysiek, mentaal en spiritueel bewustzijn. Het spirituele bloemblad van het ene kwadrant stroomt in het spirituele bloemblad van het volgende kwadrant. Het mentale bloemblad is altijd in het midden van het kwadrant.

De 7x7x7 Energieën

Ieder bloemblad is onderverdeeld in zeven energieën, die naadloos in de volgende overgaan. Ieder van de zeven energieën wordt wederom in zeven energieën onderverdeeld, enz. Deze indeling in zeven is vergelijkbaar met de energieën van de chakra's en ze vertegenwoordigen Aarde, Water, Vuur, Lucht, Ruimte, Verstand en Universum. De universele energie van het ene bloemblad stroomt over in de universele energie van het volgende bloemblad.

De energie van ieder bloemblad begint in zijn bron, het centrum van het bloembladpatroon, en strekt zich uit door de drie niveaus van fysiek, mentaal en spiritueel bewustzijn, zoals die in de spiraal is vertegenwoordigd.

Ieder bloemblad bevat zeven niveaus van bewustzijn. Aldus beweegt de spiraal van geest, verstand en lichaam door de vier kwadranten van internalisatie, integratie, interactie en verspreiding, op fysieke, mentale en spirituele niveaus, die op hun beurt weer verdeeld zijn in zeven niveaus van bewustzijn. Dit zijn 7 x 3 x 4 x 3 x 7 = 1764 afzonderlijke punten van interactie. Dat betekent dat er meer dan genoeg mogelijkheden zijn voor de energieën, om je te bereiken op het juiste niveau van bewustzijn.

Het bloembladpatroon lijkt heel erg op het systeem van huizen in de astrologie.

De 12 Verzamelpuntenergieën

Het eind van ieder bloemblad bevat een verzamelpunt dat energie bewaart. Dit dient twee doelen. Het eerste doel is om te communiceren met alle aspecten van de identiteit zoals die bij de geboorte of de toewijding is gedefinieerd. Het tweede doel is om de toestand van datgene wat interactie ondergaat van moment tot moment vast te houden. Het is een gebied dat het doel van de interactie levend houdt totdat een nieuw begrip is bereikt. De spiralende energie van ieder bloemblad stroomt om het verzamelpunt heen en vermengt de inhoud daarvan met de andere delen van het complex.

In Deel V, het hoofdstuk over de verzamelpuntenergieën, wordt een gedetailleerde beschrijving gegeven van de energie van ieder bloemblad, beginnend met het bloemblad in het west-zuidwesten en dan vervolgens tegen de klok in. De beschrijving wordt gegeven vanuit het standpunt van de Spirituele Plaats. Onthoud dat alles wat een connectie met het Universum nodig heeft, leeft en een unieke identiteit bezit. Daardoor kan alles dat een connectie met het Universum heeft, gezien worden als een levend wezen. Misschien kun je de beschrijvingen nog beter begrijpen als je beseft dat jij zelf ook een Spirituele Plaats bent.

De Cirkel van Wijsheid

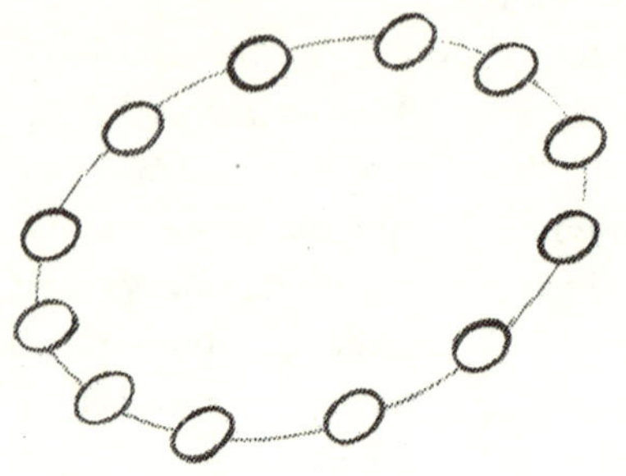

Een groep van twaalf etherische energieën die we de cirkel van wijsheid noemen, houdt de verheldering van de energieën van de Plaats in stand. Het komt erop neer dat de cirkel van wijsheid zorgt voor een wijs uitgangpunt voor het gebruik van de Plaats. Bovendien is het noodzakelijk dat de zuiverheid van de Plaats bewaard blijft zolang de Plaats bestaat. Dit wordt ook gedaan door de cirkel van wijsheid. Wanneer de cirkel van wijsheid er niet zou zijn zouden de zuiverheid en het originele doel van de Plaats snel verloren gaan. Wanneer een Spirituele Plaats wordt gecreeërd krijgt het een doel. Soms wordt het doel gedetailleerd omschreven door de architect, of door de intentie van de bouwer. Soms wordt het uitgedrukt in de toewijdingsceremonie, of zelfs alleen geimpliceerd. Hoe dan ook, de Plaats krijgt een doel.

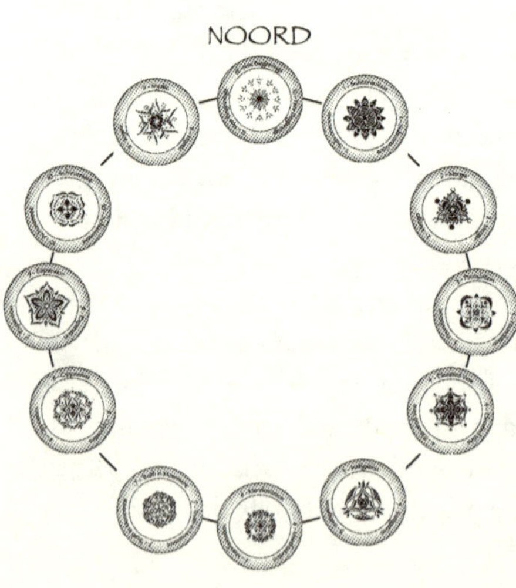

Het is de taak van de cirkel van wijsheid om te zorgen voor helderheid van dat doel. Met andere woorden, de cirkel van wijsheid is het antwoord van het Universum op het doel van de Plaats. De cirkel van wijsheid bestaat uit twaalf unieke energieën, die precies volgens de noord-zuid en oost-west lijnen geplaatst zijn.

De twaalf energieën vertegenwoordigen twaalf verschillende gebieden of arena's, die de hogere spirituele interactie in de fysieke wereld verduidelijken.

De twaalf stadia van de cirkel van wijsheid vertegenwoordigen: Nieuw Begin, Onderbewustzijn, Samensmelting, Fundament, Verheffing, Aansporing, Manifestatie, Waarheid in Beweging, Tegenovergestelden, Uitbreiding, Volbrengen en Mystiek.

Dit zijn de pure energieën en niet de materiële vertegenwoordiging daarvan. Zo vertegenwoordigt bijvoorbeeld Mystiek de mystieke energie; niet het mystieke of de persoon die de mystieke energie gebruikt. Elk van de twaalf energieën staat voor een uniek aspect van puur universeel bewustzijn.

De cirkel van wijsheid creëert helderheid door de universele energie zodanig door zijn twaalf segmenten heen te bewegen, dat de energieën emotioneel of fysiek gevoeld kunnen worden. De cirkel van wijsheid moduleert de universele energie zo, dat het doel van de Spirituele Plaats kan worden geïdentificeerd. De constante stroom van energie houdt het doel zuiver, mits er niet teveel menselijke interventie is.

Universele Wijsheid

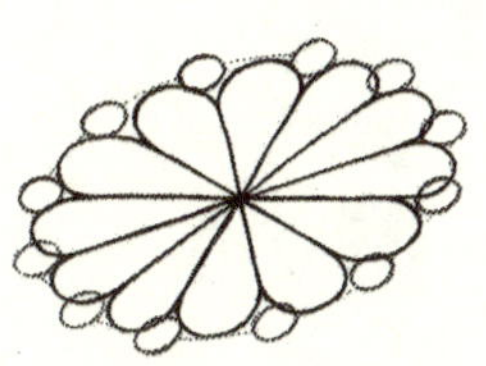

De cirkel van wijsheid en het Bloembladpatroon voorzien in een bron van universele wijsheid in een interactieve vorm. Deze bron kan aangesproken worden op een manier die door de identiteit van de Plaats intellectueel begrip verschaft. Het begrip ontstaat onafhankelijk van de van te voren vastgestelde meningen die de mensheid heeft, en zal altijd een weerspiegeling zijn van de identiteit van de Plaats. Met andere woorden, deze structuren presenteren wijsheid. Het is de vrije keus van de mensheid deze wijsheid te gebruiken.

Deze structuren worden dan een actief filter tussen de spirituele energie die een doel kreeg toen de Plaats werd gecreëerd en hoe de mensheid gebruik maakt van de Plaats. Dit betekent dat de structuren helpen om het doel waaraan de

Plaats is toegewijd niet te bederven. Natuurlijk kan het doel van de Plaats wel worden veranderd. Echter, deze structuren voorkomen dat deze verandering een ogenblikkelijke of chaotische transformatie worden, die in gang wordt gezet door een inval van toevallige gebruikers. Dit garandeert dat de veranderingen over een gepaste tijdspanne en op een ordelijke en zachtmoedige manier plaatsvinden.

Geheugen

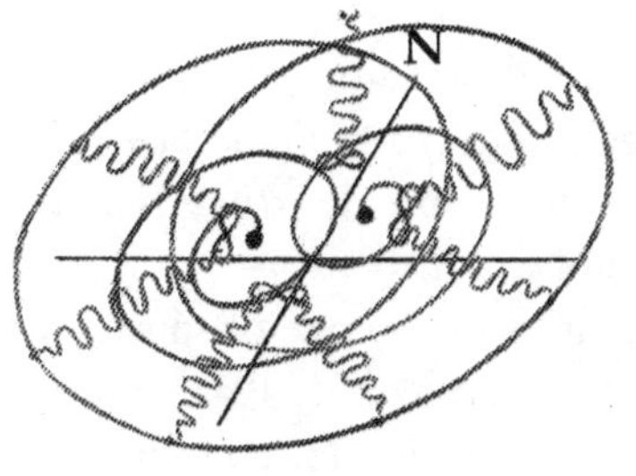

De Plaats handhaaft een geheugen door een aantal structuren. Zes verspreide structuren en één sirenestructuur zenden de identiteit van de Plaats uit, op een manier die te vergelijken is met de zang van walvissen. Er zijn naar binnen draaiende spiralen die met elkaar verweven zijn en op die manier energieën verzamelen en mengen. Tenslotte zijn er een twee sleutelplaatsen die de identiteit van de Plaats stevig vasthouden.

De Verspreide Structuur

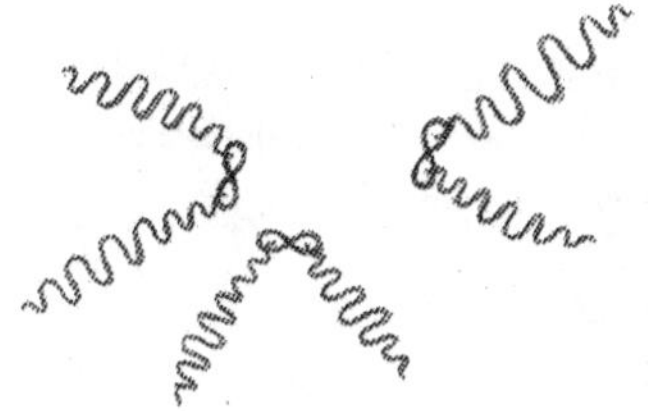

De verspreide structuur bestaat uit zes punten, in paren verbonden door drie lemniscaten die hun speciale energie uitzenden naar verspreide punten van corresponderende paren. De drie paren hebben betrekking op magnetische-, electrische- en fysieke energieën. Ieder paar staat voor de polariteiten van de energie waarop zij betrekking hebben. Door hun vibratie produceren deze paren van energie een melodie, een geluid, die de balans bewaart met de veranderende universele energieën. De lemniscaten produceren etherische muziek die meer aards wordt aan de uiteinden van de structuur. De energetische lijnen die door de lemniscaten aan hun uiteinden verbonden worden, bewegen in volume en ritmes zodanig, dat de melodie een doel heeft.

De Sirene Structuur

Een zevende punt in de verspreide structuur heeft het vermogen om een symfonie van geluid te creëren die de essentie van de Plaats met zich meedraagt. De symfonie bestaat uit de melodieën van de verspreide structuren en het muzikale thema van de sleutelplaatsen.

De sirenestructuur roept niet alleen universele of spirituele energieën tot zich, het roept ook mensen naar de Plaats door hun intuïtie. Door middel van meditatie kan de symfonie van de Plaats daadwerkelijk worden gehoord.

Naar Binnen Draaiende Spiraal

In de naar binnen draaiende spiraal circuleert de informatie die in de sleutelplaatsen ligt opgeslagen en distribueert deze naar de verspreide- en sirenestructuren. Op deze manier wordt de primaire energie van de Plaats gehandhaafd.

Sleutel Plaatsen

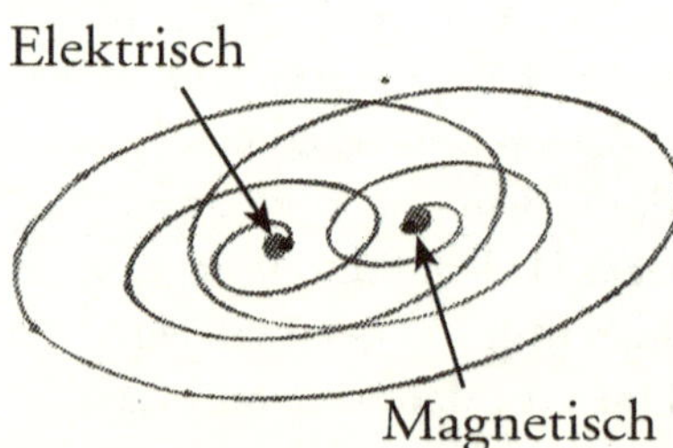

De sleutelplaatsen bewaren een samenhangende identiteit, ook al veranderen het Universum en de aarde, zij zorgen voor het onderliggende thema van de veranderende melodieën van de verspreide structuren. Dit thema is de essentie van de identiteit en het doel van de Spirituele Plaats.

De ene sleutelplaats vertegenwoordigt de electrische- of vuurnatuur van de identiteit, terwijl de andere sleutelplaats het magnetische-, of de waternatuur van de Plaats vertegenwoordigt. Deze electrische en magnetische sleutels hebben het vermogen om alles in zich te dragen wat nodig is om de Plaats zijn identiteit te laten behouden in de loop van de millennia.

Universele Connectie

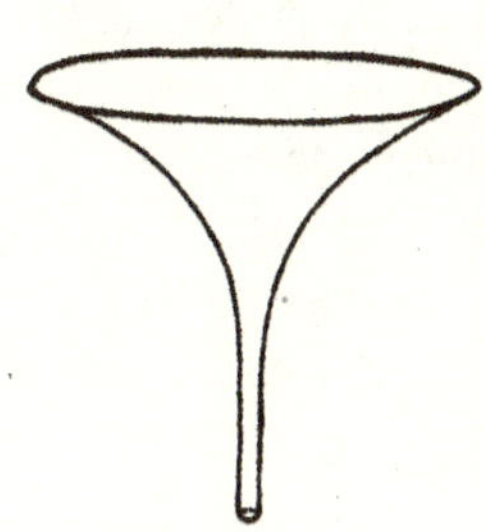

Een communicatielijn strekt zich uit vanuit het centrum van de Plaats. Deze lijn reikt naar het Universum en ook diep in de aarde, zodanig dat een aarde-Universum-connectie tot stand wordt gebracht. Deze verticale verbinding verankert het hogere, spirituele perspectief van het Universum aan de meer praktische aardse behoefte. Deze connectie en interactie zijn analoog aan de neuron - synaps verbinding in de hersenen.

We hebben ondervonden dat wanneer je op deze plek mediteert, een beknopte en heldere uitwisseling het resultaat is. Dat komt omdat mediteren op deze plek je in staat stelt om op twee plaatsen tegelijkertijd te zijn; de praktische aarde en het wijze Universum. Het is even wennen, maar als je het eenmaal onder de knie hebt, dan is er een heldere stroom van interactie die zich op zinnige en bruikbare wijze presenteert.

Universele Toegang

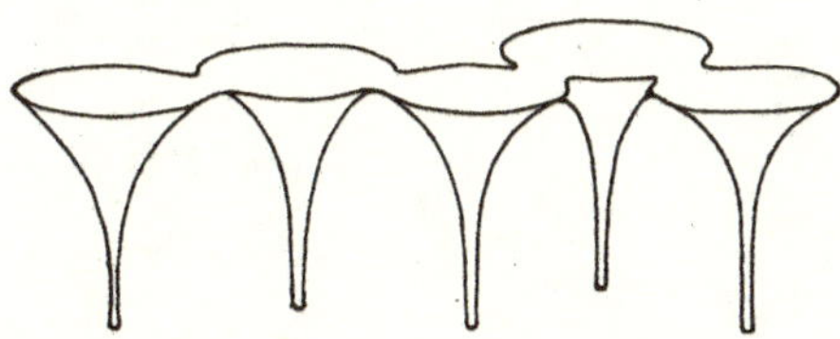

Universele connecties zijn zodanig verbonden met andere universele connecties dat alles in het Universum met elkaar is verbonden.

De toegang tot, en de interactie met het Universum (de universele connectie slaat immers een brug tussen de aarde en het Universum) vindt plaats in de geheugen structuur en diens universele connectie die is geplaatst op een kruising van noord-zuid en oost-west energieën. Op deze kruising van richtingslijnen is ook de vier-polige magneet te vinden. Deze combinatie van energieën produceert een pulserende beweging die omhoog het Universum inreikt en omlaag de aarde inreikt. Deze beweging verbindt de hele structuur met het Universum. Het verzorgt een verbinding in beide richtingen: de heldere, stabiele Spirituele Plaats met het Universum.

Deze structuur is te vinden in Spirituele Plaatsen en in alle levende dingen. Of meer precies, het is in alles dat de behoefte heeft het Universum aan te raken.

De Energiestroom Door de Plaats

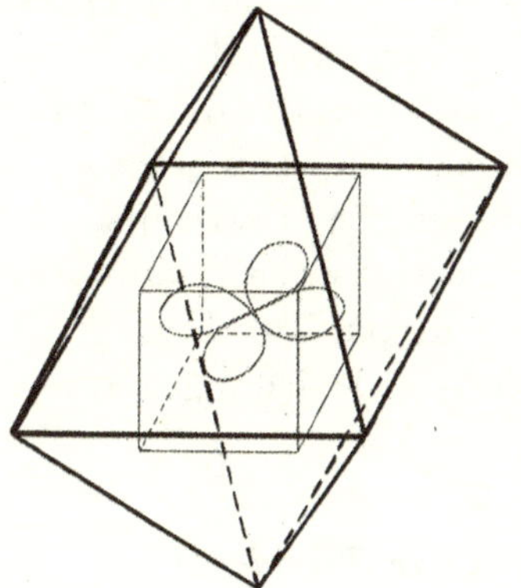

De beweging van energie wordt bewerkstelligd door de etherische componenten die we de piramide, de dubbele lemniscaat, de 'Cube of Space' en de fundamentele energieën noemen. De piramide verankert en circuleert de energieën voortdurend. De 'Cube of Space' zorgt voor een arena waarbinnen manifestatie vorm kan krijgen. De dubbele lemniscaat voorziet in een mechanisme dat de energieën manifesteert. De fundamentele energieën verschaffen de ingrediënten waarmee manifestatie kan plaatsvinden. De energieën werken op elkaar in door verbindende spiralen. Hierdoor ontstaat een stroming van energieën.

Verbindende Spiralen

Elk uiteinde van de energiestroom circuleert in een spiraalbeweging die de energie aan het ene einde verbindt met de energie aan het andere einde. De stroom wordt in beweging gehouden door een draaikolk van energie, ongeveer halverwege tussen de uiteinden van de stroom.

De stroom draait aan ieder einde als een steeds kleiner wordende spiraal, totdat het een punt van energie wordt. De spiraal keert zich dan om en breidt zich uit tot aan de lijn die terugkeert naar de spiraal aan het andere einde.

Actieve en Ontvankelijke Energiestroom

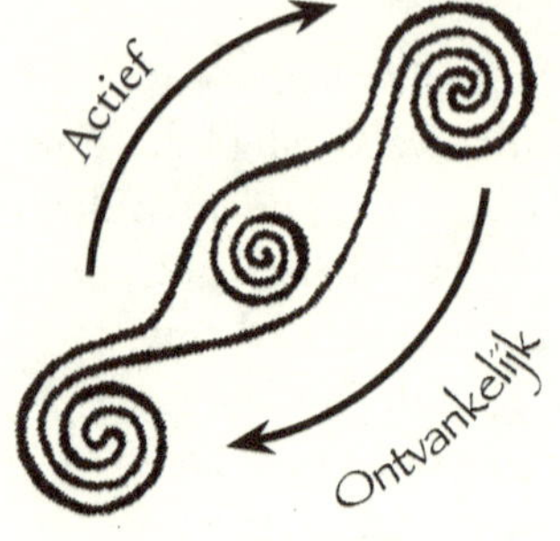

Alle energielijnen in een Plaats zijn zo verbonden dat er een stroom tussen de punten in de lijn mogelijk wordt gemaakt. Dit resulteert in twee lijnen van energie, een actieve en een ontvankelijke, die in verschillende richtingen stromen.

Het Overbrengen van de Elementale Energieën

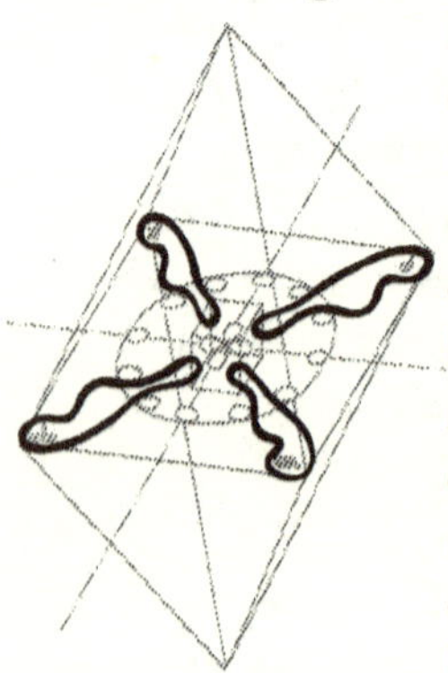

De elementale energieën stromen van de hoeken van de piramide naar de randen van de 'Cube of Space'. Dit laat de elementen voor manifestatie naar een ruimte stromen waar manifestatie kan plaatsvinden. De stappen van manifestatie vinden plaats binnen de arena van de 'Cube of Space' en manifesteren het doel van de Plaats op een fysieke manier. De dubbele lemniscaat neemt de energie van de cirkel van wijsheid in zich op om dan dat wat door de cirkel van wijsheid is verhelderd te circuleren en te manifesteren. De noord-zuid lemniscaat geeft het overzichtsperspectief tot in de details. De west-oost lemniscaat brengt het creatieve werk naar zijn uiteindelijke vorm. De dubbele lemniscaat ligt in zijn geheel binnen de 'Cube of Space'. Het punt waar de lemniscaten kruisen ligt in het exacte midden van de 'Cube'.

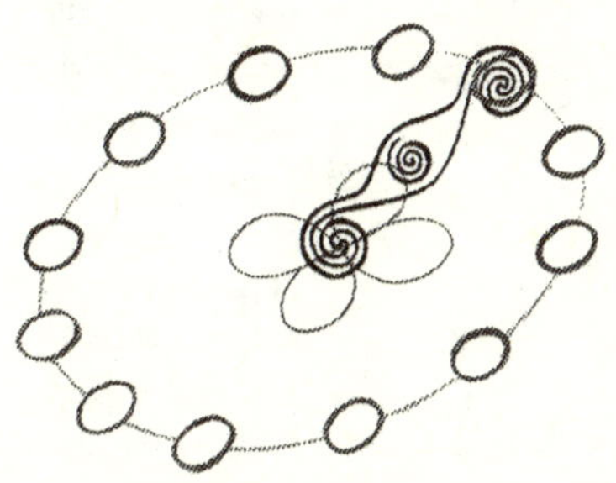

Er is een stroom van energie tussen de cirkel van wijsheid en de vier-polige magneet. Deze stroom verbindt iedere energie van de cirkel van wijsheid met het punt waar de dubbele lemniscaat kruist. Op de afbeelding is slechts één connectie afgebeeld. Op deze manier worden alle componenten van een Spirituele Plaats met elkaar verbonden.

Hoe de Hartslag Werkt

De hartslag van een Spirituele Plaats is een belangrijk element omdat het de levenskracht door de Plaats pompt. Door het samentrekken, uitstrekken en draaien van de vier-polige magneet, spiraalt de energie naar buiten, en komt dan terug. Op die manier ontstaat een pulserende energie. Wanneer de spiraal in en uit draait, spreidt een nooit eindigende beweging van energie in de vorm van concentrische cirkels zich uit. Deze cirkels van energie tasten de omgeving af en komen terug, steeds weer voelend en ontvangend wat zich buiten de Plaats afspeelt.

De piramide en de vier-polige magneet werken tesamen in het creëren en laten voortduren van de pulserende beweging van de hartslag.

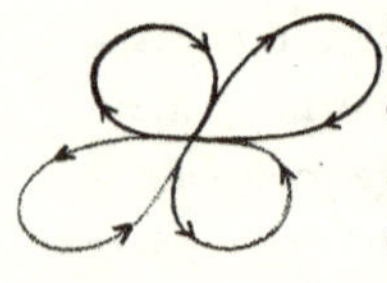

Stap één is een dubbele lemniscaat waar de noordwest / zuidoost lussen kleiner zijn dan de noordoost / zuidwest lussen.

Stap twee toont het hele systeem 45 graden tegen de klok in gedraaid.

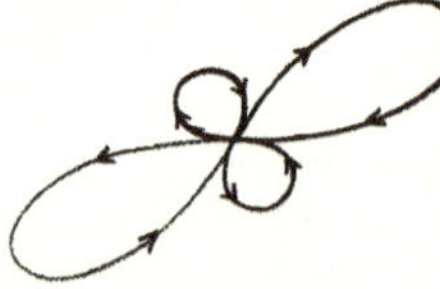

Stap drie toont het hele systeem 45 graden met de klok mee gedraaid en de noordwest / zuidoost lussen zijn kleiner. De noordoost / zuidwest lussen zijn verlengd.

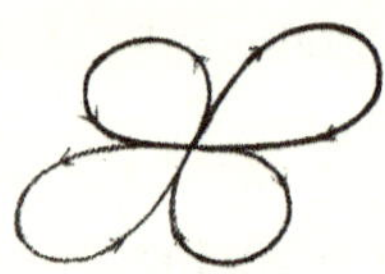

Stap vier toont alles terug in dezelfde positie als stap een.

Stap vijf toont alle lussen samengetrokken en de stroom draait zich om.

Stap zes toont het hele systeem 45 graden tegen de klok in gedraaid en de noordoost / zuidwest lussen zijn verlengd.

Stap zeven toont alles zoals het was in stap één, behalve dat de noordwest / zuidoost lussen zijn samengetrokken. Let op, de stroom is omgedraaid.

Stap acht toont dat de noordwest / zuidoost lussen zich hebben verlengd en de noordoost / zuidwest lussen zijn teruggekeerd naar hun normale maat.

Energiestroom in het Bloembladpatroon

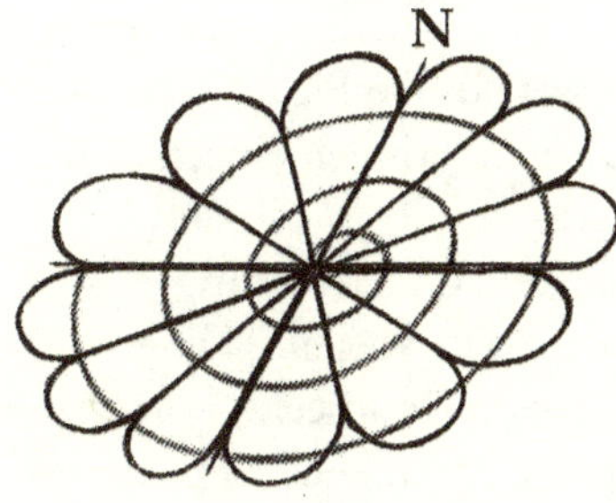

Om te kunnen begrijpen hoe de energiestroom in een bloembladpatroon plaatsvindt is het nodig dat we kijken naar zijn drie componenten. Het lijkt op het eerste gezicht misschien wat complex. Ieder deel heeft echter een bepaalde functie en drukt universeel bewustzijn uit. De drie componenten zijn:

1. Een kruising van noord-zuid en oost-west richtingslijnen die de positie van het bloembladpatroon vastleggen en bestendigen terwijl gezorgd wordt voor een universeel perspectief.

2. Een set van bloembladachtige verdelingen, die voorzien in een magazijn voor de niveaus van bewustzijn die nodig zijn voor complete interactie.

3. Een pulserende spiraal verzorgt de interactie door de beweging van energie en gedachten.

Als je in het centrum van een bloembladpatroon zit en dan een vraag stelt, gebeurt er het volgende:

1. De vraag volgt de spiraal naar buiten en beweegt daarbij door de bloembladen. Dit voorziet in een uitdrukking van de vraag op ieder niveau van bewustzijn.

2. Het antwoord volgt de spiraal naar binnen en beweegt daarbij door de bloembladen. Dit verschaft een antwoord of helderheid in de richting van een antwoord op ieder bewustzijnsniveau. De richtingslijnen verzorgen het perspectief.

Deze energiestroom ontstaat steeds als we ons een vraag stellen, of wanneer we iets mededelen. Met andere woorden, het Universum is betrokken bij iedere gedachte of actie. Het moeilijke deel voor ons mensen is om te luisteren naar wat het Universum ons te vertellen heeft. Het Universum toont ons op deze manier ons pad van groei.

Communicatie

Iedere Spirituele Plaats heeft een ondersteuningssysteem nodig als koppeling met de fysieke wereld. De Plaats heeft oren nodig om zich voor te bereiden op veranderingen en een stem die zijn aanwezigheid kenbaar maakt.

Wij mensen begrijpen en voelen deze ondersteuning doordat we de unieke energie van de Plaats voelen. Wij reageren op de behoefte die wij voelen. Bijvoorbeeld door een kamer aan ons huis toe te voegen of door een vakantie te nemen. De behoefte van de Plaats komt voort uit een universele creatieve bron en reageert op veranderingen in de omgeving of in de aarde, op een manier die de energie van de Plaats in de pas met de Universele veranderingen laat voortduren.

Wanneer er een significante universele verandering staat te gebeuren, zoals wanneer een nieuwe tijdperk begint of wanneer veranderingen in de aarde nodig zijn, zal de Plaats zijn energieën verspreiden zodat deze veilig gesteld zijn. Deze verspreiding wordt bereikt door de etherische structuren die de oude energieën van de Plaats verhogen naar de nieuwe universele energie.

We hebben allemaal de persoonlijke veranderingen ervaren die nodig zijn nu de hogere energieën van het Aquarius tijdperk voelbaar zijn. De Spirituele Plaats ondergaat vergelijkbare veranderingen en het ondersteuningssysteem bewerkstelligt deze door wat wij verspreide structuren en sleutelplaatsen noemen.

Communicatie vindt plaats door Spirituele Plaats-lijnen, een vijfpuntige ster, 'schakel plaatsen' en de bewaarders van de Plaats.

Spirituele Plaats- of Ley Lijnen

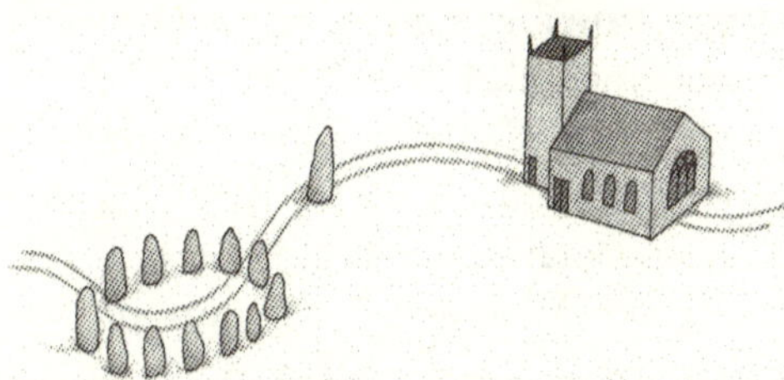

Vaak zijn er verbindingen tussen fysieke Spirituele Plaatsen die meestal 'ley lijnen' genoemd worden. Wij hebben ervoor gekozen om deze lijnen Spirituele Plaats-lijnen te noemen om zo het verschil aan te geven met andere energielijnen en velden waar we het later in dit boek over zullen hebben.

Deze Spirituele Plaats-lijnen dienen om fysieke Plaatsen met vergelijkbare energieën met elkaar te verbinden. De lijnen hebben een dubbele stroom die een mannelijke / vrouwelijke of actieve / ontvankelijke energie weergeven. In feite zijn deze lijnen identiek aan de verbindende spiralen die zijn beschreven in het hoofdstuk over de energie stroom. Bovendien is er over veel van deze lijnen al gedetailleerd geschreven, daarom zullen we ze hier niet in detail beschrijven. We raden echter het boek door Miller en Broadhurst, "The Sun and the Serpent" aan.

Het hoofdstuk over de energiestroom beschrijft meer gedetailleerd hoe de Spirituele Plaatsen zijn gegroepeerd en hoe ze werken. Andere lijnen zoals 'Song Lines' zijn vergelijkbaar met de stroom van energie tussen Spirituele Plaatsen. Een aantal vergelijkbare Plaatsen zijn door segmenten met elkaar verbonden, waarbij ieder segment identiek is aan de stroom van energie binnen de Plaats. Bovendien kan een aftakking van de lijn gevormd worden om in een andere richting verder te gaan. Wanneer een lijn stopt en een andere begint is er een omkering van actieve en ontvankelijke stroom.

De afstand tussen de eindpunten kan groot zijn. Sommige lijnen zijn gemeten en waren langer dan 40 kilometer. In feite blijken sommige 'ley lijnen' vele honderden kilometers lang te zijn. Een nadere beschouwing met de wichelroedes laat zien dat ook deze lijnen uit vele kleinere lijnen die met elkaar verbonden zijn bestaan zoals wordt getoond in de illustratie.

Schakel Plaatsen

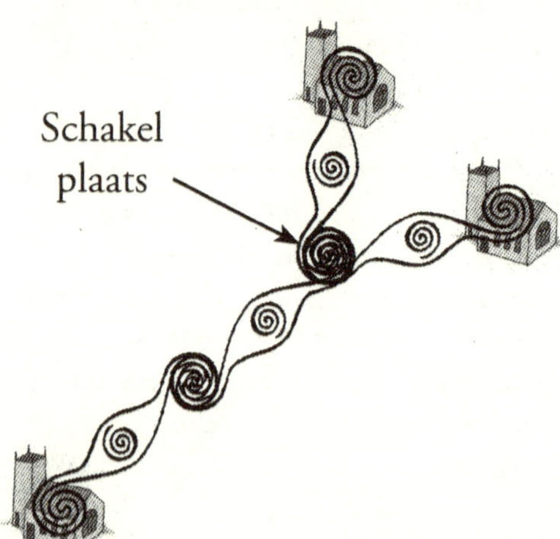

Veel Spirituele Plaatsen zijn met elkaar verbonden door middel van energielijnen. Deze lijnen zijn anders dan de lijnen die de Spirituele Plaatsen met elkaar verbinden om zo een specifieke energie te verspreiden.

Deze lijnen schakelen Plaatsen die een hoger niveau van universeel doel en uitdrukking hebben aan elkaar, onafhankelijk van het doel dat de mensheid aan ze heeft toegekend. Wanneer de universele behoefte zich uitbreidt en samentrekt, kan de Plaats geschakeld of ontschakeld worden via schakelplaatsen. Het schakelen en ontschakelen wordt afgehandeld door de bewaarders die deel uitmaken van de bewaardersgebieden. Dit gebeurt meestal omdat de verschillen in vibratie tussen twee Plaatsen te groot wordt. Met andere woorden, de indentiteit van de twee Plaatsen groeit uit elkaar.

Iedere schakelplaats verbindt zich met drie, of soms zelfs meer Spirituele Plaatsen en voorziet in een stroom van energie die de Plaats ondersteunt. Sommige Spirituele Plaatsen zijn direct aan een andere Plaats geschakeld zonder tussenkomst van een schakelplaats.

Ondersteuningssysteem & Onderhoud

Sterpatronen

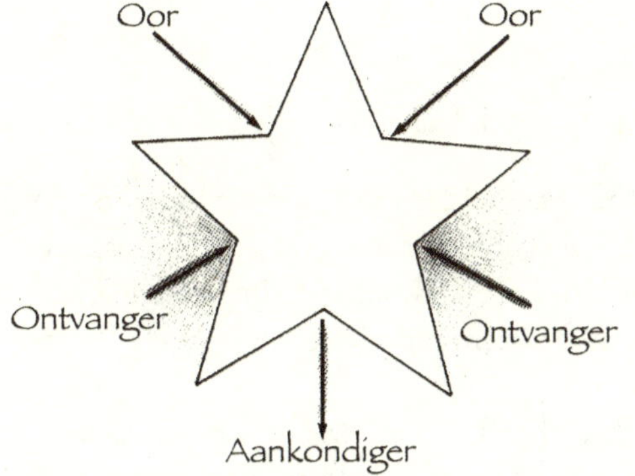

Sterpatronen zijn vaak, maar niet altijd, verbonden aan grote natuurlijke Spirituele Plaatsen, zoals een mystieke bomengroep of een rotsformatie. Het vijfpuntige sterpatroon voorziet in de ogen en oren van de aarde en geven zo de natuur mogelijkheid tot zintuigelijke interactie tussen aarde en Universum.

Sterpatronen verbinden zich met een Spirituele Plaats door middel van een energielijn tussen het sterpatroon en de etherische piramide van de Plaats. Deze energielijn maakt dat, wat het sterpatroon ziet en hoort, bekent aan de Spirituele Plaats. De piramide circuleert de energie zodanig dat het terecht komt bij het 'complex van interactie' en brengt het zo naar het Universum.

Ruitvormige Gebieden

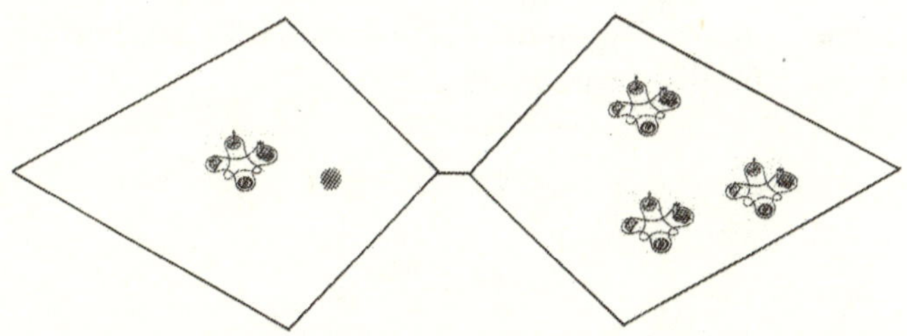

Vaak zijn er grote gebieden die de behoefte hebben om hun doel te beschermen tegen corruptie. Deze gebieden kunnen belangrijke fysieke Spirituele Plaatsen bevatten of meer natuurlijk voorkomende Plaatsen die de natuur ondersteunen. De gebieden hebben een ruitvorm en komen meestal voor in paren die met elkaar verbonden zijn. Ze zijn oost-west of noord-zuid gericht.

Bewaarders

Bewaarders zijn etherische wezens die zich bevinden op een plek binnen het bewaardersgebied en die met zorg en respect benaderd kunnen worden. Deze bewaarders zijn verschillend van de bewaarders die met iedere individuele Spirituele Plaats verbonden zijn.

Iedere Spirituele Plaats heeft een etherische of spirituele bewaarder die de wacht houdt over de Plaats. Wanneer er een aantal vergelijkbare Plaatsen zijn in hetzelfde geografische ruitvormige gebied, dan kan het zijn dat een enkele bewaarder de wacht houdt over alle Plaatsen. Het is de taak van een bewaarder om op te treden als een vroeg waarschuwingssysteem voor gebruik of misbruik van de Plaats. De bewaarder kan communiceren met bezoekers, of dat nu etherische, menselijke of dierlijke bezoekers zijn.

Wij merkten dat het vrij gemakkelijk is om met de bewaarder van de Plaats te communiceren om zo onze kennis te vergroten over het doel van de Plaats en zijn geschiedenis. In het hoofdstuk over "Het gebruiken van een Spirituele Plaats" is de interactie met de bewaarder is beschreven.

Er wordt groot respect getoond voor de bewaarders van de Plaats. Hun taak kan millennia voortduren en aan hun toewijding kan niet getipt worden.

Deel II

Het Verband met de Aarde

Uitgaande en Ingaande Trechters

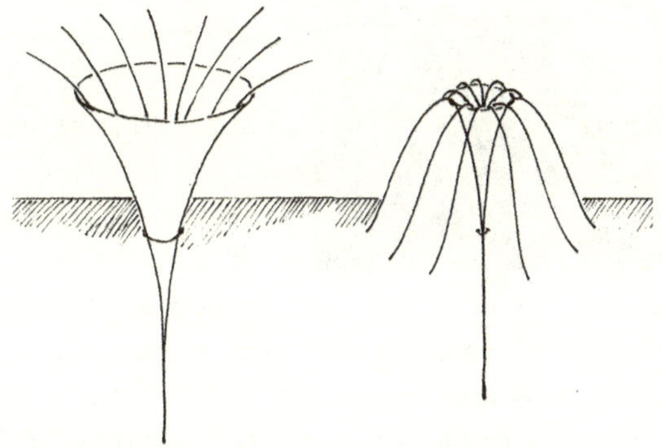

uitgaande trechter   ingaande trechter

Trechters zijn grote paraplu-achtige formaties die helpen de energie zodanig te bewegen dat de aarde geholpen wordt met haar proces van fysieke vernieuwing.

De uitgaande trechter brengt de energie naar boven vanuit de diepten van de aarde en distribueert die energie in een gebied met een straal van ongeveer vijftig kilometer. De ingaande trechter brengt energie van het oppervlak van de aarde terug naar de diepten van de aarde om daar veilig op te slaan totdat de tijd is aangebroken die energieën opnieuw naar buiten te brengen.

Er zijn een klein aantal trechters verdeeld over de wereld en ze onstaan of verdwijnen zo gauw daaraan een behoefte bestaat.

De Aarde als een Onderling Verbonden Systeem

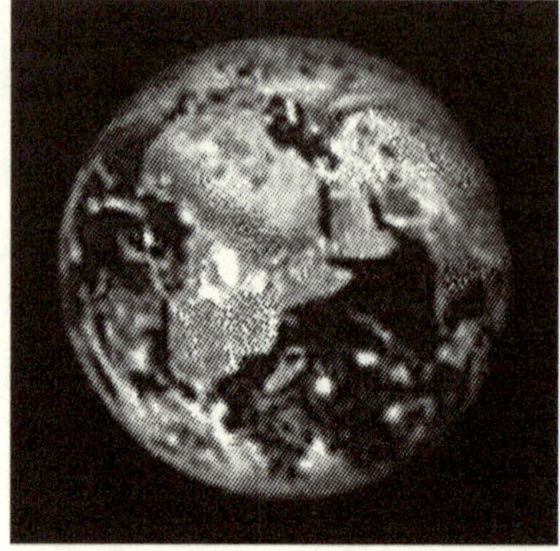

We hebben veel interessante informatie gevonden over de energieën die de structuur handhaven die de aarde bij elkaar houdt. Er bestaan 'Grid Lines' die een vast patroon vormen, dat de aarde letterlijk samenlijmt. Ook zijn er 'Ley Fields' die als een deken van energie werken. Deze deken beweegt wanneer de noodzaak tot verandering zich voordoet. Deze energieën vormen een wederkerige verbinding tussen de aarde en het Universum en horen bij het 'complex van interactie' zoals dat beschreven is in een vorig hoofdstuk. We hebben deze 'Grid Lines' en 'Ley Fields' in Europa en de Verenigde Staten in kaart gebracht.

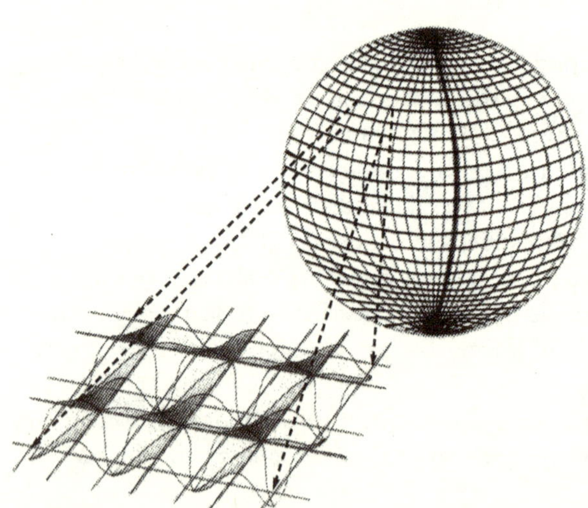

Wat we hebben ontdekt is, dat de aarde door dezelfde energie patronen als alle bewuste wezens wordt omgeven. Er is geen verschil tussen de energetische structuren van de aarde en de energiepatronen die eenieder van ons omringen. Net als wij, heeft ook de aarde haar verbinding met het Universum. Dit hoofdstuk introduceert de 'Grid Lines' en 'Ley Fields' die een onderdeel van de infrastructuur van de aarde vormen.

De energie van de 'Grid Lines' en 'Ley Fields' is sterk, maar moeilijk op te sporen omdat hun energieën uniek zijn. Om ze te kunnen localiseren, is het nodig op de drie niveaus van fysiek, mentaal en spiritueel bewustzijn met deze energieën te werken. Dat betekent veel werk met de wichelroede. Bovendien veel meditaties, studie en lichamelijk werk.

Wanneer een energetisch systeem wordt gevonden moet zijn bedoeling worden begrepen. Waar kunnen we het nu voor gebruiken? Om het antwoord op deze vraag te vinden, is het nodig om meer gedetailleerd naar de energieën van de 'Grid Lines' en 'Ley Fields' te kijken.

'Grid Lines'

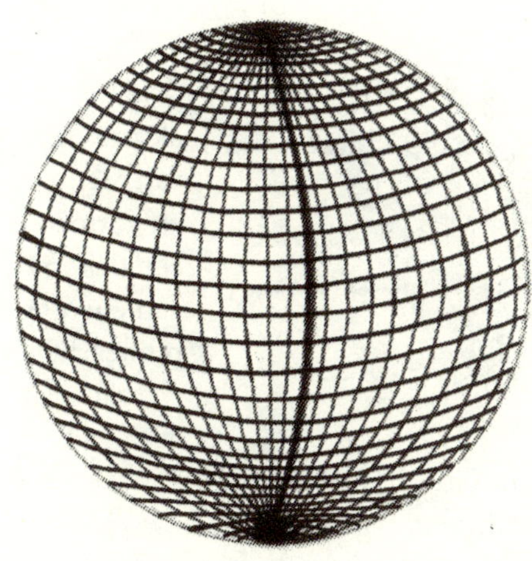

Er zijn 84 noord-zuid 'Grid Lines' die de aarde omcirkelen. Ook is er een tweede serie van 184 oost-west 'Grid Lines', die de aarde in deze richting omcirkelen. De 'Grid Lines' zijn magnetisch van aard en vormen een vast patroon. De 184 oost-west cirkels zijn zo geplaatst dat ze vierkanten vormen met de noord-zuid 'Grid Lines'. Deze kruisende lijnen vormen tezamen een voorspelbaar patroon dat de aarde bedekt. Wanneer je de aarde bekijkt vanuit één van de polen, dan lijken de noord-zuid lijnen op een bloembladpatroon dat vanuit het centrum beweegt. De breedte van ieder afzonderlijke 'Grid Line' bedraagt ongeveer twee kilometer.

Het patroon van 'Grid Lines' bestaat uit dezelfde energieën als het bloembladpatroon zoals deze beschreven zijn in het hoofdstuk over het complex van interactie. Dit betekent dat de aarde zelf een reusachtige Spirituele Plaats is waarbinnen de structuur zich herhaald tot in het kleinste levende wezen. Daar komt bij dat de 'Grid Lines' samenwerken met andere aarde energieën. Deze samenwerking vormt de basis voor het in stand houden van het evenwicht, door middel van communicatie tussen het Universum en alles dat bij de aarde hoort.

De 'Grid' en 'Ley' energieën vormen ook een onderdeel van de menselijke aura. De 'Grid/Ley' interactie geeft beweging aan de aura en helpt ook de voor evenwicht noodzakelijke aanpassingen tot stand te brengen. De door 'Grid' en 'Ley' energieën gevormde aura is terug te vinden in ieder bewust wezen en in alles wat een interactie met het Universum onderhoudt.

'Ley Fields'

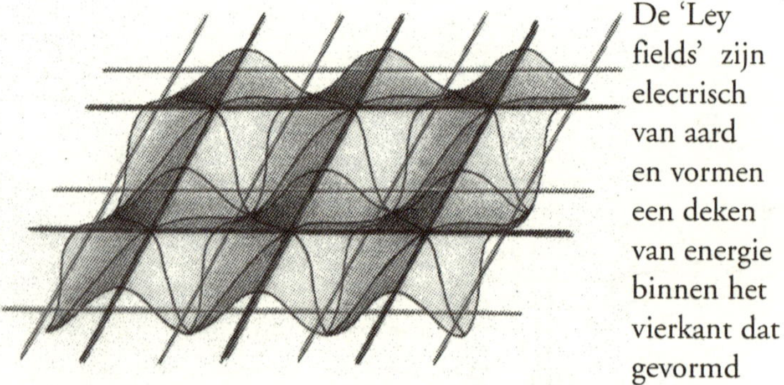

De 'Ley fields' zijn electrisch van aard en vormen een deken van energie binnen het vierkant dat gevormd wordt door het patroon van 'Grid Lines'.

'Ley Fields' zijn in voortdurende, gedirigeerde beweging. Deze choreografie wordt veroorzaakt door de noodzaak van de aarde om te evolueren, wanneer het Universum evolueert. Wanneer het nodig is dat de aarde fysiek verandert om haar evenwicht te behouden, dan verbuigen de 'Ley Fields'. Het verbuigen veroorzaakt spanning, die wordt gevolgd door een fysieke reactie. Om de spanning te ontladen kan deze reactie de vorm aannemen van iedere mogelijke beweging van de aarde of van de atmosfeer.

'Ley fields' verdelen een 'Grid'-vierkant in vier kwadranten die de vier elementen vertegenwoordigen. Deze vier elementaire kwadranten vormen wat wij een vier-polige magneet noemen. De eindpunten van Aarde en Water vormen twee polen en ook de eindpunten van Lucht en Vuur vormen twee polen.

'Flow Lines'

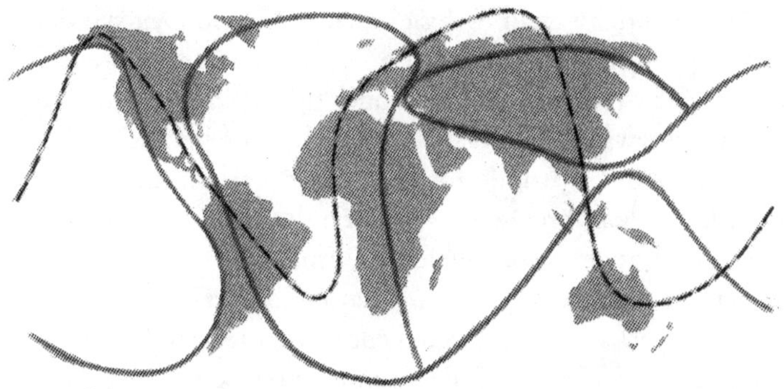

Er zijn twee belangrijke banen die de 'flow', of de beweging van energie, door en rondom de aarde weergeven. De stippellijn laat de beweging van atmosferische energie zien, de niet onderbroken lijn toont de beweging van de meer fysieke aarde energie.

De baan van aarde energie bevindt zich meer onder het aardoppervlak, terwijl de atmosferische baan zich boven het aardoppervlak bevindt. De banen kunnen met behulp van een wichelroede worden opgespoord en zijn ongeveer 250 kilometer breed.

De banen geven geen indicatie van de exacte plaats waar aardse of atmosferische activiteit op zal treden. Zij laten echter zien waar de meeste activiteit waarschijnlijk plaats zal vinden.

Veranderingen in de Aarde

We weten allemaal dat er gedurende de zonnewendes en de equinoxen een versnelling van de energie plaatsvindt. Op dit moment zijn we aan het begin van het Aquariustijdperk, een 2600 jaar lange periode die veranderingen brengt in het Universum, de aarde en de mensheid.

We staan ook aan het begin van een cyclus van 3000 jaar, een Ronde, waarin de fysieke aanpassingen plaatsvinden die nodig zijn om de mensheid op de aarde voort te laten bestaan. De overgang naar een ander tijdperk zorgt voor een mechanisme waarmee ons bewustzijn onze universele evolutie kan vervolgen. De Ronde zorgt voor het mechanisme waarmee de aarde rust kan brengen op plekken die actief zijn geweest en waarmee ongebruikte gebieden opnieuw productief kunnen worden. Kortom, we ervaren nu een periode van dubbele veranderingen, die zullen leiden tot een groter gevoel van broederschap en tot een fysiek veranderende aarde.

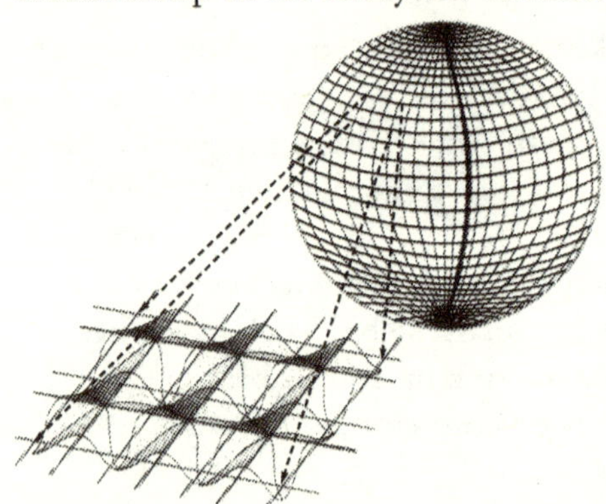

Gelukkig zorgen de 'Grid' en 'Ley' structuren die we hebben beschreven ervoor dat het hele proces niet uit de hand loopt. Bovendien moedigen zij een partnerschap van de aarde met het Universum aan. De interactie van de 'Grid' en 'Ley' energieën houdt de aarde in balans. De noodzaak van een nieuwe balans wordt door de versnelling van de universele energieën gevormd, die op hun beurt de behoefte creëren aan veranderingen in het menselijke bewustzijn en in het milieu. Zoals mag worden verwacht is de behoefte aan een nieuwe balans levensgroot aanwezig nu we net het nieuwe millennium zijn ingestapt.

Zo wordt bijvoorbeeld tijdens de veranderingen van een Ronde de universele energie versneld om zo een verandering in de energie van de aarde te bewerkstelligen. De 'Grid Lines' reageren daarop door zo te bewegen dat de fysieke verandering van de aarde mogelijk wordt. De mate van verandering wordt bepaald maar ook in de hand gehouden door de 'Grid Lines'. In dit geval wordt de mate van verandering aangegeven door de conditie van het milieu en door de gedachtenpatronen van de mensen die een bepaald gebied bevolken. Terwijl de veranderingen plaatsvinden wordt het Universum geïnformeerd waarop het dan reageert. Daarna keren de 'Grid Lines' terug naar een (nieuw) punt van balans. Beweging en communicatie gaan door totdat harmonie is bereikt.

Dit betekent dat wanneer het Universum verandert, de aarde, met de mensheid als haar passagiers, volgt. Negativiteit en/of behoeften van het milieu beïnvloeden de structuur van de 'Grid- en Ley'-energieën. Met andere woorden, deze energieën zijn een biofeedback-systeem dat universele balans creëert en in stand houdt. Wanneer de "voorgestelde" veranderingen worden genegeerd, dan "duwt" het Universum harder. Het hele proces helpt de mensheid om de nieuwe energieën, op een manier die meer bewust maakt, te accepteren.

Doordat de energie van het Universum versnelt, merken we dat onze waarden aan het veranderen zijn. Onze daden, gedreven door onze nieuwe waarden, maken een enorm verschil. Meer dan ooit tevoren helpen onze 'healings', meditaties, gebeden en daden de aarde. Door de nieuwe waarden door te laten klinken in wat we doen en ze niet tegen te houden, laten we de spanning los en helpen we harmonie in de aarde tot stand te brengen. Dit betekent een nooit eindigend en altijd bewegend partnerschap tussen de mensheid en het Universum. Wij zijn een deel van het proces!

De 'Ley Fields' bewegen en kronkelen zich tussen de polariteiten van rustige en actieve gebieden. Wanneer de verhouding van rustige en actieve gebieden ernstig verandert, wordt er spanning gecreëerd tussen de 'Grid- en Ley'-energieën. De bewegingen in de 'Ley'-energie kunnen worden veroorzaakt door veranderingen in het denken van de mensheid. Deze bewegingen zijn het signaal dat er fysieke veranderingen en/of veranderingen in het menselijke bewustzijn nodig zijn.

Dit alles betekent dat sterke bewegingen in de 'Ley'-energie een waarschuwing inhoudt dat in dat bepaalde gebied veranderingen noodzakelijk zijn. Sommige van deze veranderingen zijn onvermijdelijk omdat de aarde behoefte heeft tot rust te komen of actiever te worden. 'De aarde genezen' betekent dus de 'Ley Fields' helpen om harmonieuze veranderingen in de aarde tot stand te brengen. Het is belangrijk met een positieve instelling te werken met de 'Grid- en Ley'-energieën. Negativiteit vergroot immers de noodzaak voor veranderingen. En een voor de aarde noodzakelijke aardbeving of overstroming kan tenslotte veel overlast veroorzaken. De veranderingen zijn echter ten bate van ons allen. Zonder deze veranderingen zou onze evolutie stagneren.

Kracht

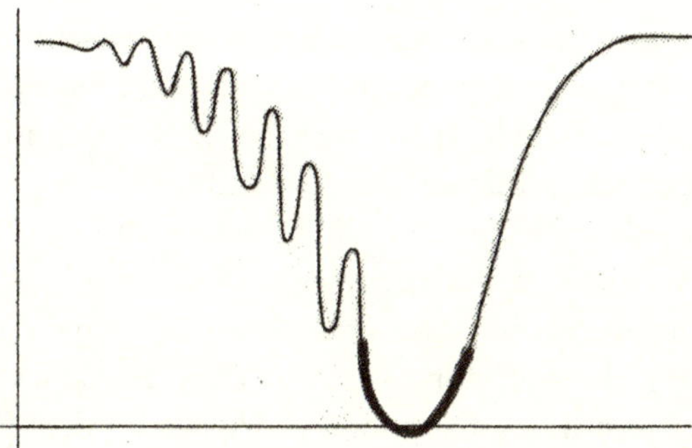

De kracht van het 'Grid / Ley' systeem kan worden gemeten met wichelroedes. Wij hebben de kracht in de 'Grid- en Ley'-energieën op onze reizen door de Verenigde Staten en Europa gemeten en hebben drie interessante dingen ontdekt:

Ten eerste, de kracht kan zich verminderen van 100% naar 0% in een perioden van 54 maanden.

Ten tweede, gedurende deze periode van vermindering veert de kracht van de energie 6 of 7 keer terug. Iedere keer wordt de kracht wat lager dan de vorige keer; zodanig dat het een verminderend patroon volgt totdat de minimale kracht is bereikt.

Ten derde, veel van deze 'terugveringen' gaan samen met sterke reacties van de aarde, zoals aardbevingen of overstomingen. De reactie van de aarde wordt intenser wanneer de kracht van de 'Grid- en Ley'-energieën minder wordt dan 20%

Waar Het Op Neer Komt

De interactie van de 'Grid- en Ley'-energieën creëert spanning tussen hun magnetische en electrische eigenschappen. Voortdurende electrische spanning zal zich ontladen in veranderingen van Aarde en Vuur. Voortdurende magnetische spanning wordt losgelaten door Water en Lucht bewegingen. In extreme gevallen worden aardbevingen, vulkaanuitbarstingen, overstromingen en stormen door de spanning in de 'Grid- en Ley'-energieën aangekondigd en/of veroorzaakt. Jawel, veranderingen in de aarde kunnen voorspeld worden! Bedenk wel, de veranderingen in de aarde vinden plaats om de aarde te vernieuwen en om zo de evolutie van de mensheid te ondersteunen.

De interactie van de 'Grid- en Ley'-energieën garandeert dat de aarde haar balans kan hervinden, zodat zij bewoonbaar blijft voor ons mensen, zelfs wanneer we de aarde hebben misbruikt. Ons bewustzijn en onze acceptatie van de veranderingen zijn het, die voor een deel de noodzaak voor de veranderingen in de aarde bepalen.

Veranderingen in de aarde zijn nuttig omdat ze helpen om de energieën van de aarde en de mensheid af te stemmen op de evolutie van het Universum. De veranderingen vernieuwen ook de aarde zodat ze voor ons bewoonbaar blijft. Wanneer we ons afstemmen op de veranderingen in het Universum, worden de veranderingen in de aarde milder. Vanwege de verandering in de energie van het Universum, is het nu een goede tijd om door gebed, meditatie en rituelen de aarde te genezen. Dit is ook de tijd om onze gedachten en daden onder de loep te nemen. We kunnen een krachtige invloed hebben op wat er gebeurt aan het begin van dit nieuwe tijdperk en deze Ronde. Wij zijn partners van de aarde en het Universum, verbonden door 'Grid- en Ley'-structuren en door vergelijkbare patronen in onszelf.

Deel III
Praktische Toepassingen

Dit deel kan erg beknopt lijken. Realiseer je dat iedereen uniek is en de informatie op een unieke manier gebruikt. Wij moedigen iedereen aan deze basisinformatie om te vormen in een methode die het beste voor jou werkt.

Wat Kun Je Er Nu Mee?

Zo, even diep ademhalen want nu volgt het hele idee in één alinea. De Spirituele Plaats wordt geïdentificeerd door het doel van de mensheid dat is verbonden met het Universum. De Spirituele Plaats krijgt een identiteit, heeft het vermogen tot interactie door middel van het bloembladpatroon, wordt gezuiverd door de cirkel van wijsheid en verankerd door een piramide.

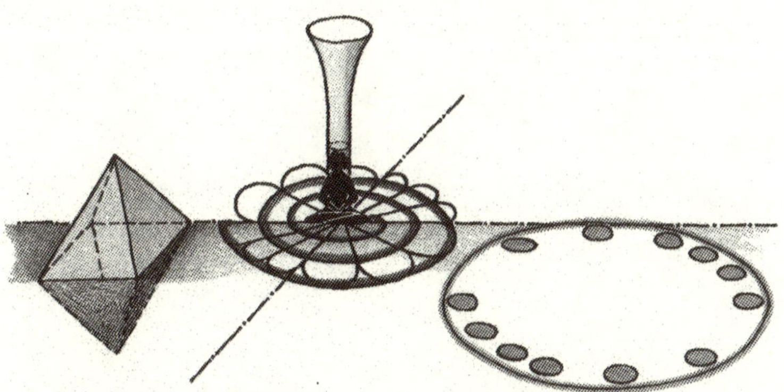

Om te communiceren met het Universum hoef je alleen maar naar een Spirituele Plaats te gaan, of er zelf een te creëeren, en daarna het bloembladpatroon van de Plaats te vinden. Het is gegarandeerd aanwezig. Ga dan in het centrum van het complex zitten en sta jezelf toe om een deel te worden van de verbinding door samen te smelten en te pulseren met alle componenten. Of, wanneer je dat liever doet, mediteer! Wanneer je mediteert wordt je zelf een Spirituele Plaats en dan zal het Universum met je samenwerken en automatisch alle benodigde componenten in je onmiddellijke omgeving creëren. Je zult verbonden worden met pure helderheid door een voortdurende verankering van energie, op een wijze die het beste is voor jou en je spirituele groei. Het bloembladpatroon in jezelf, als de Spirituele Plaats, definieert de arena waarbinnen de meditatie functioneert. Jijzelf bepaalt dan de focus voor de meditatie.

Het leuke van Spirituele Plaatsen is dat je niets hoeft te weten van hun etherische onderdelen om met ze te kunnen samenwerken. Hun betekenis, hun energieën en hoe ze werken zijn details die je aan het Universum over kunt laten. Wanneer je de details echter begrijpt, vergroot je daarmee de kracht en de capaciteiten van de Plaats om zijn taak uit te voeren.

Het Creëren van een Spirituele Plaats

Het eerste onderdeel van een Spirituele Plaats is zijn fysieke aanwezigheid. Dat kan alles zijn dat fysieke ruimte inneemt, zelfs als er geen fysiek object aanwezig is. Het kan een persoon, een huis, of een meditatieruimte zijn, maar ook de ruimte van je achtertuin die voor meditatie gebruikt wordt.

De eenvoudigste manier om een Spirituele Plaats te creëren is het uitspreken van een doel en dan te mediteren. Het is echt zo eenvoudig. De arena die je nodig hebt om begeleiding te ontvangen wordt gecreëerd op het moment dat je een doel uitspreekt. De energie breidt zich uit als het doel, door middel van meditatie, gebruikt wordt. Hier wordt met meditatie bedoeld: het luisteren naar de stille, innerlijke stem, of naar de universele creatieve kracht. Meditatie resulteert in een helende energie, of een interactieve energie die je begeleidt. Of je gebruik maakt van de helende energie of van de begeleiding is een vrije keuze.

Dit is een goed moment om de details van het creëren en het gebruiken van een Spirituele Plaats nader te bekijken. Deze details zullen je helpen om beter te begrijpen hoe je een Spirituele Plaats kunt creëren die steeds aanwezig is en die sterker wordt naar mate je hem gebruikt. De volgende tekst beschrijft de stappen die je helpen om de kracht van de Plaats te vergroten. Wij beschouwen de nu volgende informatie als feitelijk, omdat we er al zoveel jaren mee werken. Toch is het een goed idee om het voor jezelf na te gaan met behulp van een wichelroede of door meditatie. Met geloof kun je een eind komen in het creatieve proces. Vertrouwen is belangrijk en met vertrouwen begint het proces van geloven. Voor de uiteindelijke waarheid of voor geloof is ook intellectueel begrip nodig, omdat niets als vanzelfsprekend kan worden aangenomen.

De Stappen om een Spirituele Plaats te Creëren:

1 - De voorbereiding van de ruimte.
2 - Het toewijden aan het doel.
3 - Het plaatsen van de energieën.

Door middel van motivatie wordt met de hierboven vermelde stappen een ruimte of een object gecreëerd, waardoor alle etherische onderdelen van een Spirituele Plaats de gelegenheid hebben om zich te vormen. Laten we nu eens gedetailleerd gaan kijken hoe je een Spirituele Plaats creëert.

Stap 1: De Voorbereiding van de Ruimte

De eerste stap in de voorbereiding van je plek is het schrijven van een spirituele cirkel om de ruimte te reinigen en te beschermen. Dit moet altijd gebeuren rondom de ruimte die de fysieke Plaats inneemt. Wanneer de spirituele cirkel geschreven wordt iedere keer dat de Plaats gebruikt wordt, dan nemen de kracht en het nut enorm toe.

Het Schrijven van een Cirkel voor Spiritueel Werk

Een cirkel schrijven wil zeggen "een cirkel tekenen rondom de plek die als Spirituele Plaats gebruikt wordt". Nu volgt een eenvoudig ritueel waarvan de betekenis verankerd is in de oorsprong van de mensheid. We hebben gemerkt dat het een ruimte creëert die krachtige en productieve energieën toelaat.

Wanneer je de cirkel schrijft is het het beste dat je de cirkel loopt, maar als dat niet mogelijk is kun je in het centrum gaan staan en naar de cirkel wijzen als je hem schrijft. De cirkel kan zelfs in gedachten geschreven worden wanneer het beter is dat niemand het ziet.

Betreed en verlaat de cirkel altijd vanuit het oosten. Door het binnengaan vanuit het oosten laat je de cirkel weten dat je met je huidige energie binnenkomt en dat je open staat voor een nieuw perspectief.

1 - Kies en ruimte die geschikt is voor het werk dat je wilt doen.

2 - Terwijl je drie keer een cirkel schrijft tegen de klok in, rond deze ruimte zeg je: "Ik roep de krachten op van de hemel en van de aarde, ik vraag ze samen te komen, samen te smelten en deze ruimte te reinigen."

Wanneer je daarmee klaar bent zeg je: "Ik dank de krachten van hemel en aarde voor het reinigen van deze ruimte."

3 - Terwijl je drie keer een cirkel schrijft met de klok mee, om de gereinigde ruimte heen, zeg je: "Ik roep de Creatieve Kracht op om deze ruimte te beschermen."

Wanneer je daarmee klaar bent zeg je: "Ik dank de Creatieve Kracht voor het beschermen van deze ruimte."

Tenslotte zeg je: "Zo zal het zijn!"

Om de energieën los te laten nadat je klaar bent met je werk ga je de cirkel binnen vanuit het oosten en met een naar boven gerichtte beweging tegen de klok in met je hand zeg je: "Ik laat de krachten los om terug te keren naar hun bron. Ik dank de krachten voor de reiniging en de bescherming. Zo is het!"

De energie in de cirkel blijft zolang hij gebruikt wordt, maar zal verdwijnen als hij niet in gebruik is. Het niet vrijlaten van de energieën is een teken van gebrek aan respect. Na het vrijlaten zijn de energieën niet weg, het vrijlaten dient ertoe om de energieën rust te geven in hun plaats van herkomst. Het is het beste om de cirkel te creëren en vrij te laten, iedere keer dat je hem nodig hebt. Hierdoor houd je de energieën vers en krachtig.

Stap 2: Toewijden aan het Doel

Deze stap laat aan het Universum zien waar de plek voor gebruikt gaat worden. Je kunt het Universum niet voor de gek houden. Wanneer je zegt dat de plek voor meditatie gebruikt gaat worden maar je gebruikt hem voor bingo, dan zal het

Universum bingo volgen en zal de energie voor meditatie afnemen. Wanneer een plek voor het vastgestelde doel wordt gebruikt, is de kracht veel groter.

Er zijn acht elementaire energieën die zich manifesteren en die het perspectief van de Spirituele Plaats bepalen. De elementen Aarde, Water, Vuur en Lucht vormen de Universele elementen die alles dat bestaat, een fysiek object of een gedachte, manifesteren. Ook zijn er de vier richtingen Noord, Zuid, Oost en West, die dat wat gemanifesteerd wordt in perspectief plaatsen. Deze acht energieën worden gerespecteerd en geplaatst binnen de spirituele cirkel, om alle voor de manifestatie en gebruik benodigde ingrediënten en perspectieven van de Spirituele Plaats in te brengen.

Nadat de spirituele cirkels zijn geschreven, wordt het doel van de Plaats bepaald. Dit gaat als volgt:

1 - Ga de cirkel vanuit het oosten binnen en ga in het midden staan.

2 - Zeg duidelijk en beknopt wat het doel van de Plaats is en wijd de Plaats aan dat doel.

3 - Daarna houd je het kenmerkteken dat het doel van de Plaats symboliseert eerst boven je hoofd, dan voor je voorhoofd en tenslotte voor je zonnevlecht chakra. Dit doe je in iedere windrichting. Zo respecteer je de richtingen en breng je het hoogste perspectief in het werk waarvoor je de Plaats hebt bepaald.

Het kenmerkteken kan bestaan uit een stuk papier waar het doel van de Plaats op geschreven is, uit een fysiek object of uit een symbool. Ook kan het één van de kaarten die bij dit boek horen zijn die het doel van de Plaats symboliseert. Als bijvoorbeeld de Plaats voor studie wordt gebruikt, dan kan een studieboek of een papier met daarop geschreven het woord “studie”, als kenmerkteken worden gebruikt. Dan zeg je geconcentreerd het volgende: “Ik wijd deze gereinigde en beschermde ruimte aan studie”.

Daarna kijk je achtereenvolgens naar het noorden, zuiden, oosten en westen waarbij je in iedere richting het kenmerkteken boven je hoofd, voor je voorhoofd en voor je zonnevlecht chakra houdt.

Tot slot zeg je: "Zo zal het zijn."

De definities van de windrichtingen zijn afgeleid van hun etherische energie. De klassieke hoofdrichtingen zijn afgeleid van deze definities maar hebben een dichtere vorm. Door de richtingen te respecteren, activeer je hun perspectieven. Door het kenmerkteken boven je hoofd, voor je voorhoofd en voor je zonnevlecht chakra te houden, breng je dat perspectief in je geest, in je denken en in je lichaam.

De betekenissen van de windrichtingen zijn:

Noord: Het overzicht. (Wijsheid)

Zuid: Het zien van details. (Onschuld)

West: Het in beweging zetten van het creatieve werk. (Aanzetten)

Oost: De uiteindelijke vorm en het onderhouden van de creatie. (Fundament)

Stap 3: Het Plaatsen van de Elementale Energieën

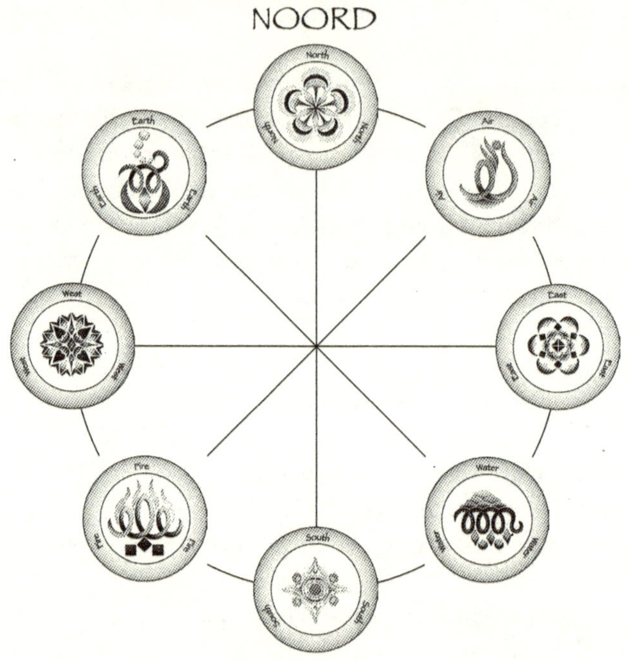

De volgende stap in het creëren van een Spirituele Plaats is het plaatsen van de energieën van manifestatie. Deze energieën worden de elementale energieën genoemd. De elementen vertegenwoordigen de energieën van manifestatie. Door een ritueel te gebruiken om de elementale energieën te plaatsen, wordt het doel van de Plaats gemanifesteerd. Op dit punt aangekomen zullen sommigen ons ervan beschuldigen dat we ons in het schemergebied van de natuurkundige wetten begeven. Bedenk wel dat we het metafysische proces van manifestatie beschrijven en dat het metafysische perspectief ervaren moet worden, opdat het fysieke proces reëler wordt. Wanneer de elementen Aarde, Water, Vuur en Lucht worden begrepen en gebruikt, wordt manifestatie gemakkelijker en komt het sneller tot stand. De hier gebruikte definities van de elementen ontkrachten op geen enkele wijze het periodiek systeem zoals natuurkundigen dat kennen. Deze metafysische definities worden sinds oeroude tijden gebruikt om de energieën te beschrijven die manifestatie mogelijk maken.

Om de energieën van manifestatie te plaatsen ga je naar de positie die het element zal innemen zoals in de illustratie is aangegeven, terwijl je duidelijk zegt: "Ik plaats de energie van Aarde hier."

Daarna plaats je doelbewust een kenmerkteken van het element Aarde op de noordwest positie.

Herhaal dit proces voor Water in de zuidoost positie, Vuur in de zuidwest positie en Lucht in de noordoost positie.

Het kenmerkteken kan bestaan uit een steen voor Aarde, een glas water voor Water, een kaars voor Vuur en een veer of wierook voor Lucht. Of, wanneer je dat liever doet, kun je de naam van het element schrijven op een stuk papier. In de kaarten die bij dit boek horen zijn vele kenmerktekens weergegeven in de vorm van mandala's. We hebben gemerkt dat de mandala's de zuivere energie van het kenmerkteken in focus brengt en goed werken.

De positie van het element is belangrijk. De Aarde-Water as vormt een energielijn die door het centrum van de cirkel loopt. Een vergelijkbare lijn verbind Vuur en Water. Door deze plaatsing worden twee tweepolige (of één vierpolige) magneten gevormd, waardoor manifestatie mogelijk wordt. De ene tweepolige magneet wordt gevormd door de Aarde-Water verbinding. De andere magneet ontstaat door de Vuur-Lucht verbinding. Wanneer Vuur en Aarde worden verwisseld dan werkt de manifestatie toch. Dan is het echter een energie die eerst het oude verbreekt alvorens de nieuwe manifestatie in elkaar te zetten. Indien de voorgestelde rangschikking wordt aangehouden, dan komt manifestatie door aantrekking tot stand. De richtingen hoeven niet doelbewust geplaatst te worden. Zij zijn altijd aanwezig dus is het voldoende ze te erkennen wanneer de Plaats wordt toegewijd om hun energie op te roepen.

Lucht: Creëert de ruimte die nodig is voor manifestatie.
Vuur: Creëert de beweging die nodig is voor manifestatie.
Water: Creëert de samentrekking die nodig is voor manifestatie.
Aarde: Creëert de vastheid van dat wat is gemanifesteerd.

Deze beschrijving van de fundamentele energieën zou niet compleet zijn zonder de vier winden te vermelden. De vier winden zijn bewegingen die met de vier richtingen verbonden zijn. Hoewel zij niet betrokken zijn bij het creëren van een Spirituele Plaats, worden zij werkzaam wanneer een besluit tot actie genomen wordt. Ook zijn zij aanwezig wanneer een gedachte ontstaat.

Noordenwind: De pauze om op te nemen wat er nodig is.
Zuidenwind: Actief leren vanuit onschuld, openheid.
Westenwind: Zet aan tot beweging.
Oostenwind: Geeft een besef over de toekomst.

Een Spirituele Plaats Gebruiken

Door de jaren heen hebben we gemerkt dat, wanneer je de volgende stappen volgt, je interactie met en begrip van een Spirituele Plaats enorm toenemen. Iedereen heeft anders ingestelde zintuigen. Sommige mensen zien beelden terwijl anderen juist gevoelens ervaren. Veel mensen lijken helemaal niets door te krijgen. Toch zal hun onderbewustzijn de ervaring altijd opslaan. Het is dan alleen een kwestie van tijd voordat de informatie toegankelijk wordt. Het allerbelangrijkste is dat de Spirituele Plaats, zijn bewaarder en de energieën worden gerespecteerd.

Observeer de Fysieke Plaats.

Wanneer het mogelijk is loop dan om de Plaats heen zonder de klaarblijkelijke fysieke structuur te benaderen. Observeer daarbij zorgvuldig de fysieke positie van alle structuren en in welke richting ze staan. Dit zal je een algemeen gevoel geven over de Plaats.

Vind de Ingang.

De ingang waar je naar op zoek bent is niet de ingang van een gebouw. Het is de ingang van het gehele gebied waar de Plaats zich bevindt. De ingang kan altijd gevonden worden door te zoeken naar twee objecten zoals bomen, rotsen, heggen of misschien alleen een oneffenheid in de grond. De ingang is een toegangspoort waardoor je van buitenaf de Plaats binnengaat. Je zult het verschil in energie goed kunnen waarnemen wanneer je deze grens passeert.

Neem Contact Op met de Spirituele Bewaarder.

Ga vlak voor de ingang staan en schrijf beschermende cirkels om je heen. De methode om de cirkels te schrijven kan gevonden worden in het hoofdstuk over het creëren van een Spirituele Plaats. Roep dan de bewaarder je cirkel binnen terwijl je verklaart dat je met de Plaats wilt werken opdat je de energieën van de Plaats en zijn gebruik beter gaat begrijpen.

Vraag Toestemming voor Interactie met de Plaats.

Wanneer je, meestal na ongeveer één minuut, de etherische aanwezigheid van de bewaarder voelt, vraag je toestemming de Plaats binnen te gaan. De bewaarder zal die toestemming altijd verlenen, hoewel er vaak vragen gesteld zullen worden betreffende je intentie. Zelfs wanneer de toestemming is verleend, is dat geen garantie dat de informatie waar je naar op zoek bent je ook gegeven zal worden. De informatie is afhankelijk van je eerlijke intenties, de noodzaak om het te krijgen en hoe je de Plaats zult gebruiken.

Loop door de Plaats.

Het is nu mogelijk om door elk deel van de Plaats te lopen waartoe je je aangetrokken voelt. Wees geduldig en pauseer vaak om je een zo volledig mogelijke voorstelling van de Plaats te kunnen maken. Het is altijd een goed idee om de tijd te nemen om te mediteren of de Plaats te observeren om zowel de etherische als de fysieke natuur van de Plaats te herkennen.

Mediteer met de Spirituele Bewaarder.

Op je wandeling zul je aangetrokken worden door een speciale plek die een sterkere, meer gebalanceerde energie lijkt te hebben. Dit kan een goed punt zijn om te stoppen en te mediteren met de bewaarder van de Plaats. Vergeet niet de bewaarder over het doel van de Plaats te vragen en bedenk dat de Plaats in de loop der tijd op verschillende manieren gebruikt kan zijn.

Bedank de Bewaarder.

Aan het einde van je bezoek loop je terug naar de ingang. Hier pauseer je lang genoeg om de Plaats en de bewaarder te bedanken voor je bezoek en de verkregen informatie.

Een Bloembladpatroon Creëren & Gebruiken

Persoonlijke Bloembladpatronen

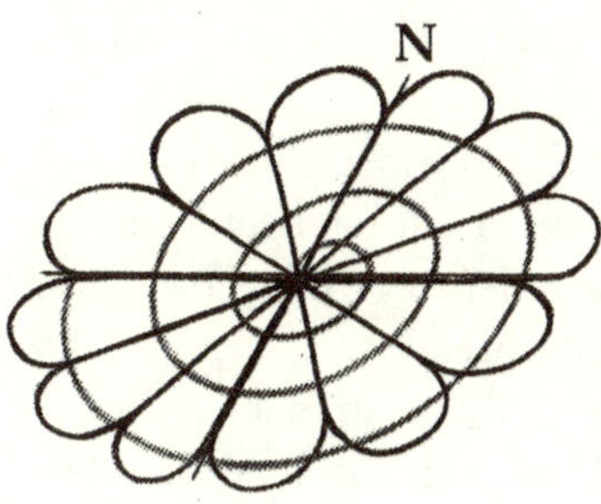

Een bloembladpatroon kan gecreëerd worden voor het oplossen van problemen of het verkrijgen van inzicht. Natuurlijk is een bloembladpatroon aanwezig in ieder object of levend wezen. Echter, door een onafhankelijk bloembladpatroon te creëren zal het vermogen van het patroon om het oude te begrijpen en het nieuwe binnen te laten, een scherpere focus krijgen.

Het Creëren van een Bloembladpatroon:

1. Creëer een Spirituele Plaats die groot genoeg is voor het bloembladpatroon.

2. Maak een tekening van een bloembladpatroon en de spiraal op een voor deze ruimte bruikbaar formaat. Verzeker je ervan dat het patroon in de juiste richting ligt, met het begin van de spiraal in het westen.

3. Neem een kenmerktekenkaart, (mogelijk 'Healing' of Vragen ('Questions')) en wijd de Plaats aan het doel dat je wilt bereiken. Plaats de kaart in het centrum van het bloembladpatroon.

4. Plaats de vier elementale energieën op hun juiste plek buiten het bloembladpatroon, maar binnen de Spirituele Plaats. Bij iedere elementale energie zeg je: "Ik plaats deze energie om zo het doel van dit bloembladpatroon te manifesteren"

5. Bedank de energieën voor het manifesteren van dit doel.

Het Bloembladpatroon Gebruiken

Het gebruiken van een bloembladpatroon voor het verkrijgen van inzicht:

1. Activeer de Spirituele Plaats opnieuw door het schrijven van de cirkels.

2. Ga de Spirituele Plaats vanuit het oosten binnen.

3. Ga naar het westen en wanneer je aan het begin van de spiraal staat neem je de vraag of de reden voor het gebruiken van het bloembladpatroon in je gedachten.

4. Laat nu al je gedachten los en loop de spiraal naar het centrum. Pauseer bij elk van de bloembladen in ieder van de drie lussen van de spiraal totdat je voelt dat het tijd is om verder te gaan. De pauzes kunnen vijf seconden duren maar soms ook een minuut of langer.

5. Pauseer in het centrum terwijl je reflecteert of mediteert op wat er is gebeurd.

6. Keer je om en loop de spiraal terug naar het begin.

7. Bedank het bloembladpatroon voor de interactie en de hulp.

8. Laat de energieën vrij om terug te keren naar hun bron en hef de Spirituele Plaats op.

Zo werkt het, je loopt de spiraal in een stille, ontvankelijke stemming en pauseert wanneer je de behoefte voelt om te stoppen. Dit geeft het Universum de kans zijn taak te volbrengen en geeft je de gelegenheid je bewust te worden van het nieuwe inzicht.

Het Opnieuw Toewijden van een Bloembladpatroon:

1. Ga de Spirituele Plaats binnen vanuit het oosten en terwijl je in het centrum staat pak je het kenmerkteken dat het doel van het patroon weergeeft op en bedank je het voor zijn hulp en werk.

2. Roep de elementale energieën op en vertel dat zij niet langer het oude doel van het bloembladpatroon manifesteren.

3. Plaats het kenmerkteken buiten de ingang van de Spirituele Plaats (in het oosten) en breng een nieuw kenmerkteken naar het centrum van het bloembladpatroon.

4. Herhaal de stappen voor het creëren van een bloembladpatroon vanaf stap 3. om zo het nieuwe doel te manifesteren.

Het patroon is nu gereed om voor het nieuwe doel gebruikt te worden.

Het Bloembladpatroon Gebruiken Om het Oude Los te Laten:

Het bloembladpatroon voorziet in een geweldig bruikbare manier om oude gedachten, gewoonten of fysieke dingen die je niet langer nodig hebt, los te laten. Wij hebben gemerkt dat het heel krachtig werkt om een fysiek bezit, zoals een huis of een auto die verkocht moet worden, los te laten. Het bloembladpatroon helpt om het oude object los te laten; tegelijkertijd brengt het patroon het object in gereedheid voor de nieuwe eigenaar.

Het enige dat je hoeft te doen is het volgende:

1. Bepaal het bloembladpatroon voor dat wat je los wilt laten. Voor persoonlijke gedachten enz. is dat het bloembladpatroon van je fysieke lichaam. Jouw patroon ligt meestal vlak voor jezelf. Het patroon van een object kan gevonden worden met behulp van wichelroedes. Wanneer je je eigen bloembladpatroon gebruikt vertel het dan dat het nu op deze plaats moet blijven; dus niet met je fysieke lichaam mee moet bewegen. Het zal dan op die plaats verankerd zijn, zelfs wanneer je opzij stapt voor het proces.

2. Neem dat wat je wilt loslaten of veranderen helder in je gedachten.

3. Stap in het eerste bloemblad (Fysieke Internalisatie) dat precies in de richting westzuidwest ligt en zeg: “Ik laat dat wat overbodig is los en ik breng datgene wat nodig is voor de verandering binnen in dit bloemblad.

4. Herhaal stap drie voor de andere elf bloembladen. Pauzeer lang genoeg bij ieder bloemblad zodat je het loslaten en de acceptatie kunt voelen.

5. Wanneer je hiermee klaar bent bedank je de energieën voor hun werk.

Dat is het! Wanneer je accepteert dat het werkt, zal het resultaat je verbazen.

Het Labyrint

Wanneer een labyrint wordt gecreëerd zal het Universum ook een bloemblad patroon creëren. Het bloemblad patroon ligt over het labyrint heen en zorgt voor interactie met degene die het labyrint loopt. Het enige dat je hoeft te doen om een bloemblad patroon te laten ontstaan is het creëren van een labyrint.

Het labyrint voorziet in een pad dat door alle energieën van het bloembladpatroon heenloopt. Het eenvoudigste van alle labyrinten is vermoedelijk het meest effectief omdat het een pure, directe relatie van de gebruiker tot het Universum geeft.

Er zijn al veel goede boeken over labyrinten geschreven. Dit hoofdstuk gaat over de originele energieën en legt uit hoe je een bloembladpatroon kunt creëren dat gebruikt kan worden als een labyrint. Het is geen enkel probleem wanneer je een bloembladpatroon creëert en er een traditioneel labyrint van jouw keuze overheen legt.

Manifestatie & de Lemniscaat

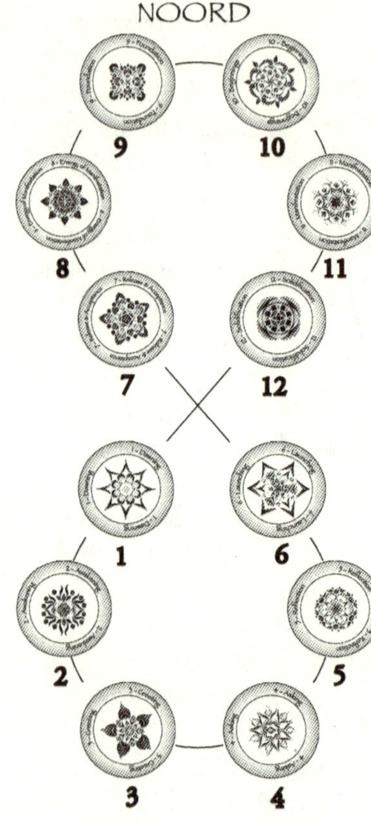

De lemniscaat kan als een plattegrond worden gebruikt.

De lemniscaat is bijzonder behulpzaam in het proces van manifestatie. De manifestatie kan bestaan uit iets materieels zoals een nieuwe baan of iets op het mentale vlak, zoals een andere houding ten opzichte van een probleem. De lemniscaat is ook zeer behulpzaam in het creëren van heelheid.

Om een Lemniscaat te creëren volg je deze stappen:

1. Creëer een Spirituele Plaats die groot genoeg is voor de lemniscaat.

2. Wijd de cirkel toe aan de lemniscaat.

3. Plaats de kaarten van de lemniscaat op de juiste plaats, zoals is weergegeven in het diagram, binnen de geschreven cirkel. Verzeker je ervan dat de lemniscaat op de noord-zuid-as ligt.

4. Plaats de elementale energieën om de energie van de lemniscaat te manifesteren.

Om de lemniscaat te gebruiken doe je het volgende:

1. Ga de Spirituele Plaats binnen vanuit het oosten.

2. Terwijl je in het oosten staat neem je de vraag of de reden voor het gebruik van de lemniscaat in je gedachten.

3. Laat dan de vraag en je gedachten los en loop naar het midden.

4. Loop nu de lemniscaat en volg daarbij de nummers van de kaarten. Wanneer je de behoefte voelt om te pauzeren, sta

dan stil totdat je voelt dat de energieën zijn ïntegreert.

5. Pauzeer even in het midden om te reflecteren of te mediteren over wat er is gebeurd.

6. Bedank de lemniscaat voor zijn interactie en hulp.

7. Laat de energieën van de Spirituele Plaats vrij.

Manifestatie Route voor de Lemniscaat

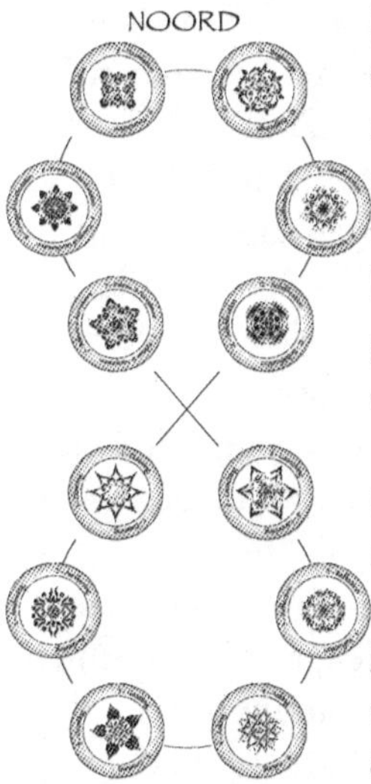

NOORD

De lemniscaat kan worden gebruikt als een instrument voor manifestatie. Het maakt geen verschil of de manifestatie het antwoord is op een vraag, de oplossing is voor een probleem of een nieuwe Ferrari. Het Universum behandelt ze allemaal gelijk. Geloof, focus en intentie maken echter wel verschil!

Om de lemniscaat voor manifestatie te gebruiken neem je dat wat je wilt manifesteren duidelijk in je gedachten; dit is je focus. Daarna loop je de lemniscaat terwijl je op ieder van de twaalf stadia (of de twaalf energieën van de lemniscaat) lang genoeg pauseert om de energie te voelen 'klikken'. De lemniscaat wordt gelopen in de volgorde van de kaarten, eerst de zuidelijke, introspectieve lus tegen de klok in, en dan de actieve, noordelijke lus met de klok mee.

De volgorde om de lemniscaat te lopen is als volgt:

1. Dageraad
2. Ontwaken
3. Begroeting
4. Vragen
5. Reflectie
6. Lanceren
7. Loslaten & Acceptatie
8. Energie van Manifestatie
9. Fundament
10. Het Begin
11. Manifestatie
12. Soliditeit

Problemen Oplossen met de Lemniscaat

Een andere manier om de lemniscaat te gebruiken is om problemen op te lossen. Hierbij kies je zelf de energieën die je het beste kunnen helpen de situatie te begrijpen. Dan volg je de energieën zoals hiernaast is aangegeven om de oplossing te manifesteren.

Eerst selecteer je acht kaarten die de volgende punten op de lemniscaat representeren.

1. Het Begin. Dit is de energie die je laat beginnen.

2. Focus. Dit is de energie die helderheid en focus brengt in je gedachten over het probleem.

3. Ingrediënten. Deze energie helpt om alles wat nodig is voor de oplossing bij elkaar te brengen.

4. Activeren. Deze energie vormt het proces.

5. Beweging. Dit brengt het proces in beweging.

6. Acceptatie. Deze energie helpt de oplossing te accepteren.

7. Manifestatie. Dit zal de oplossing manifesteren.

8. Vervulling. Deze energie helpt je je goed te voelen over wat je hebt bereikt.

Nu leg je de kaarten in de voorgeschreven volgorde en loop je de lemniscaat. Verzeker je ervan dat je pauseert bij iedere stap of energie. Begin met de noordelijke lus en loop deze tegen de klok in. Dit is de lus van Innerlijke Ontdekking.

Vervolgens loop je de zuidelijke lus van Actieve Manifestatie, met de klok mee. Wanneer de richting die je loopt vreemd lijkt, probeer het dan toch. Het werkt heel krachtig!

De Wijsheids Cirkel Creëren & Gebruiken

Hier volgt een detetailleerde beschrijving over het gebruik van de twaalf energieën van de cirkel van wijsheid. Wanneer je met deze energieën werkt, onthoudt dan dat zij de arena's representeren die een ruimte creëren waarbinnen wijsheid naar iedere vraag, ieder probleem of ieder doel gebracht kan worden. Deze energieën functioneren niet als Tarotkaarten die antwoorden geven op vragen. In plaats daarvan creëren zij een houding of een ruimte waarin het antwoord kan ontstaan. De ruimte is mentaal van aard en met wat oefening kan de cirkel van wijsheid een hulp zijn in elk aspect van groei. Het is onze ervaring dat interactie met een cirkel van wijsheid levensveranderende perspectieven kan geven. De cirkel van wijsheid begeleid je op een zachtmoedige, doelbewuste manier.

Hoewel de cirkel van wijsheid een onderdeel is van het complex van interactie, kan hij gecreëerd worden als een afzonderlijke Spirituele Plaats.

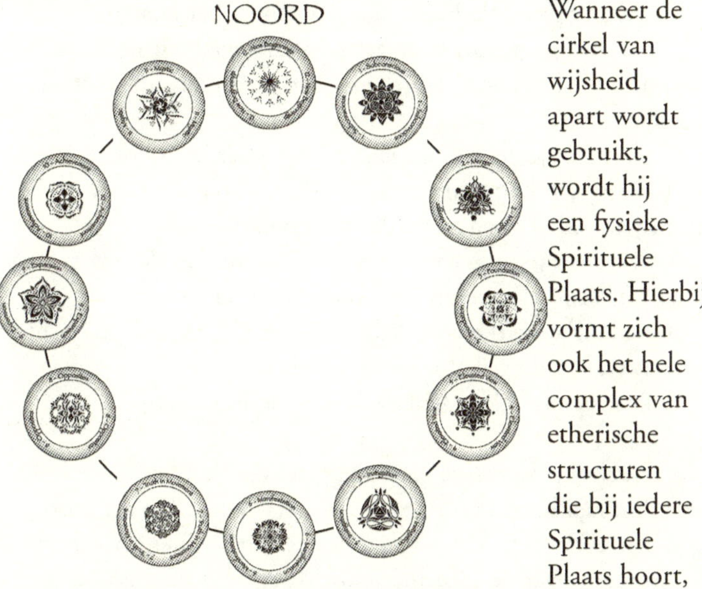

Wanneer de cirkel van wijsheid apart wordt gebruikt, wordt hij een fysieke Spirituele Plaats. Hierbij vormt zich ook het hele complex van etherische structuren die bij iedere Spirituele Plaats hoort, en die met de fysieke cirkel van wijsheid verbonden is. Er vormt zich zelfs een wijsheidscirkel voor de cirkel van wijsheid!

Het is het beste om de complexe kanten van de zaak te

laten rusten en te kijken naar het creëren van een fysieke cirkel van wijsheid en hoe die gebruikt kan worden.

Het Creëren van een Cirkel van Wijsheid

Om een cirkel van wijsheid te creëren volg je deze stappen:

1. Creëer een Spirituele Plaats die groot genoeg is om de cirkel van wijsheid te bevatten.
2. Wijd deze ruimte toe aan de cirkel van wijsheid.
3. Plaats de wijsheidskaarten op de juiste positie (nr. 12, Nieuw Begin, in het noorden), zoals is aangegeven in een cirkel binnen de Spirituele Plaats. Verzeker je ervan dat de cirkel precies op de noord-zuid en oost-west assen ligt.
4. Plaats de elementale energieën om de cirkel van wijsheid te manifesteren.

Er zijn twee manieren om de cirkel van wijsheid te gebruiken. Daarvoor doe je het volgende:

1. Ga de Spirituele Plaats binnen vanuit het oosten.
2. Ga met je gezicht naar het noorden staan en neem je de vraag of de reden voor het gebruik van de cirkel van wijsheid in gedachten.
3. Laat dan je gedachten los en loop naar het midden.
4. Deze stap hangt af van je voorkeur. Volg daarvoor beschrijving A of B en ga verder met stap 5.
5. Wanneer je in het midden staat, neem dan de tijd om na te denken of te mediteren over wat je hebt ervaren.
6. Bedank de cirkel van wijsheid voor zijn interactie en zijn hulp en verlaat de cirkel via het oosten.
7. Laat de energieën van de Spirituele Plaats vrij.

A: Deze manier is de eenvoudigste. Ga midden in de cirkel staan en draai langzaam tegen de wijzers van de klok in, totdat je de behoefte voelt om te pauzeren. Sta dan stil en mediteer een moment over de informatie die de cirkel van wijsheid je geeft. Draai dan een halve slag om en luister naar wat de tegenovergestelde energie je te zeggen heeft. Herhaal deze stap door verder te draaien en stil te staan wanneer je die behoefte voelt. Meestal zul je twee of drie keer stoppen om het totale effect van de cirkel te ervaren.

Wanneer je stopt zul je een wijsheidskaart voor je zien en de tegenovergestelde kaart zal zich achter je rug bevinden. De energie van de kaart wisselt energie en/of informatie met je uit, op een manier die je inzicht geeft in je vraag of jouw probleem. Bereid je voor op een nieuw gezichtspunt. Je zou hier tenslotte niet zijn, als je het antwoord al kende of als het antwoord al binnen je traditionele manier van denken zou passen, nietwaar?

Plattegronden van de Cirkel van Wijsheid

B: Deze manier is ingewikkelder maar geeft het proces meer flexibiliteit. Daarvoor kies je eerst een van de volgende plattegronden. De plattegronden vertegenwoordigen:

1. De zes tweevoudige stappen van Innerlijke Beweging. Dit is een goede plattegrond voor het verkrijgen van een innerlijk realisatie over bijvoorbeeld emotionele kwesties, etc.
2. De vier drievoudige stappen van Overbrugging. Deze plattegrond werkt goed bij situaties die gaan over interactie met andere personen, met een baan of iets anders dat buiten jezelf staat.
3. De drie viervoudige stappen van Uiterlijke Beweging. Deze plattegrond helpt je om buiten jezelf te gaan staan, afstand te nemen en om naar situaties te kijken waarbij het nodig is een andere richting in te slaan. Het helpt je een nieuw perspectief te zien in iets dat buiten jezelf ligt.
4. De twee zesvoudige stappen van Regeneratie. Dit is een goede plattegrond voor genezing of om je kijk op een situatie totaal te veranderen.

Om de plattegronden te gebruiken plaats je de kaarten van wijsheid op de grond en in de getekende posities. Daarna loop je van de ene kaart naar de volgende kaart van de groep zoals aangegeven door de kleine pijlen. Ondertussen blijf je open voor en alert op informatie die je krijgt door interactie met de energieën. Ga daarna in het midden van de groep staan en neem een pauze, zolang als je nodig hebt om de energieën op te kunnen nemen. Daarna loop je naar de volgende groep waarbij je de gestippelde pijlen volgt.

De Zes Tweevoudige Stappen van Innerlijke Beweging
(Geeft innerlijke realisatie)

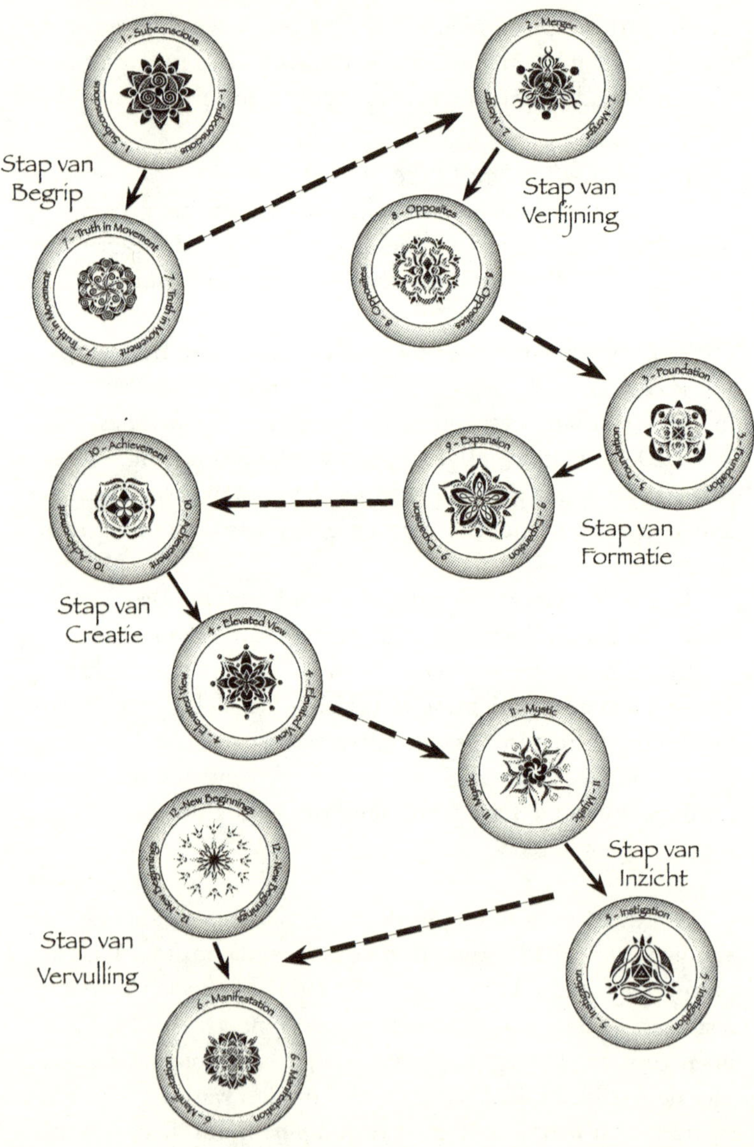

De Vier drievoudige Stappen van Overbrugging

(Interactie met anderen of met iets dat buiten jezelf staat)

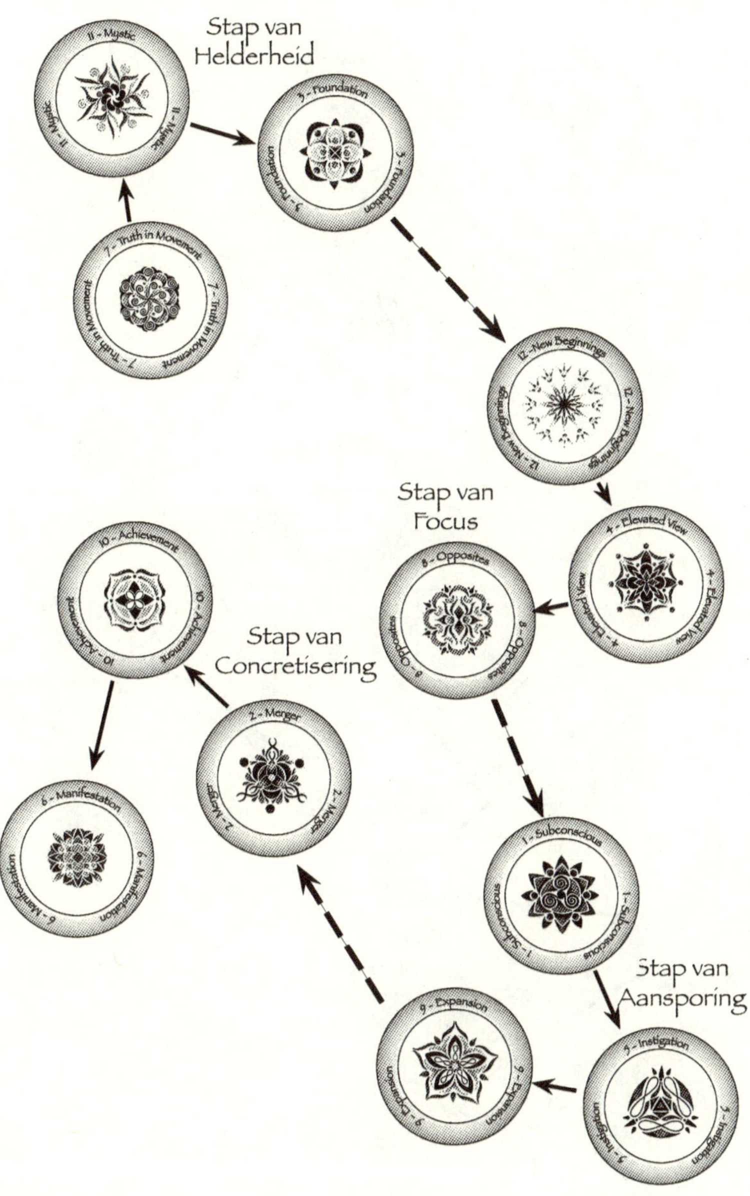

De Drie Viervoudige Stappen van Uiterlijke Beweging

(Geeft een nieuw perspectief)

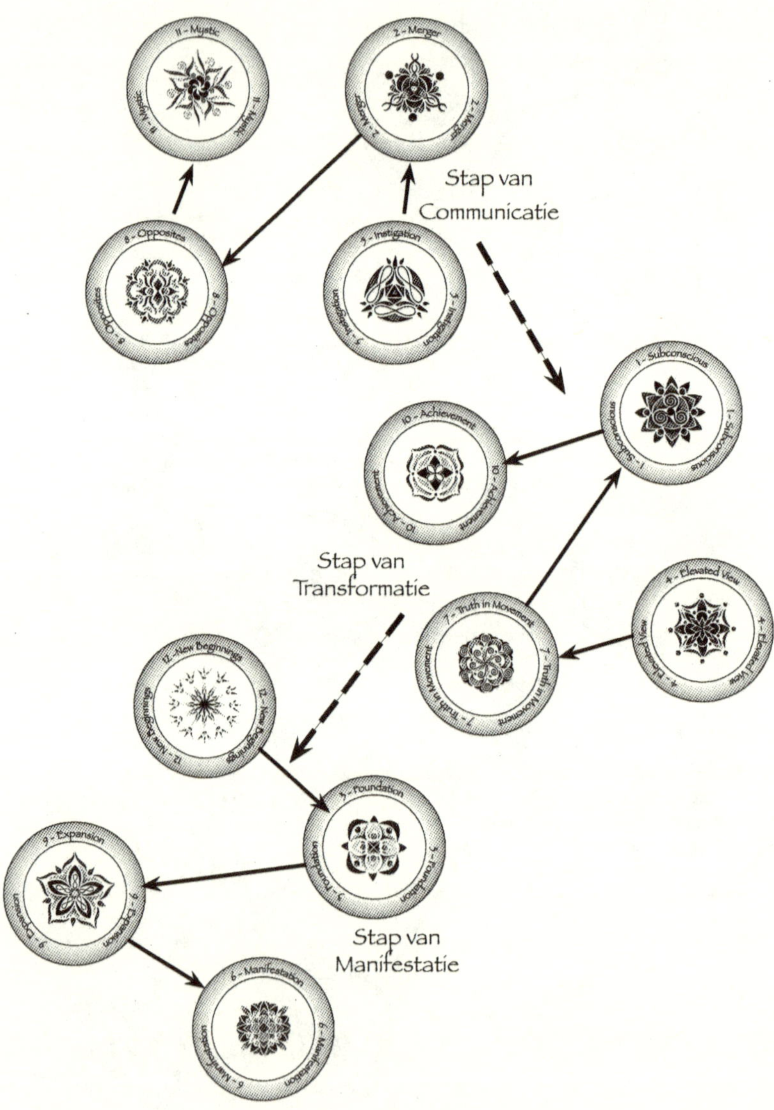

De Twee Zesvoudige Stappen van Regeneratie
(Geeft genezing)

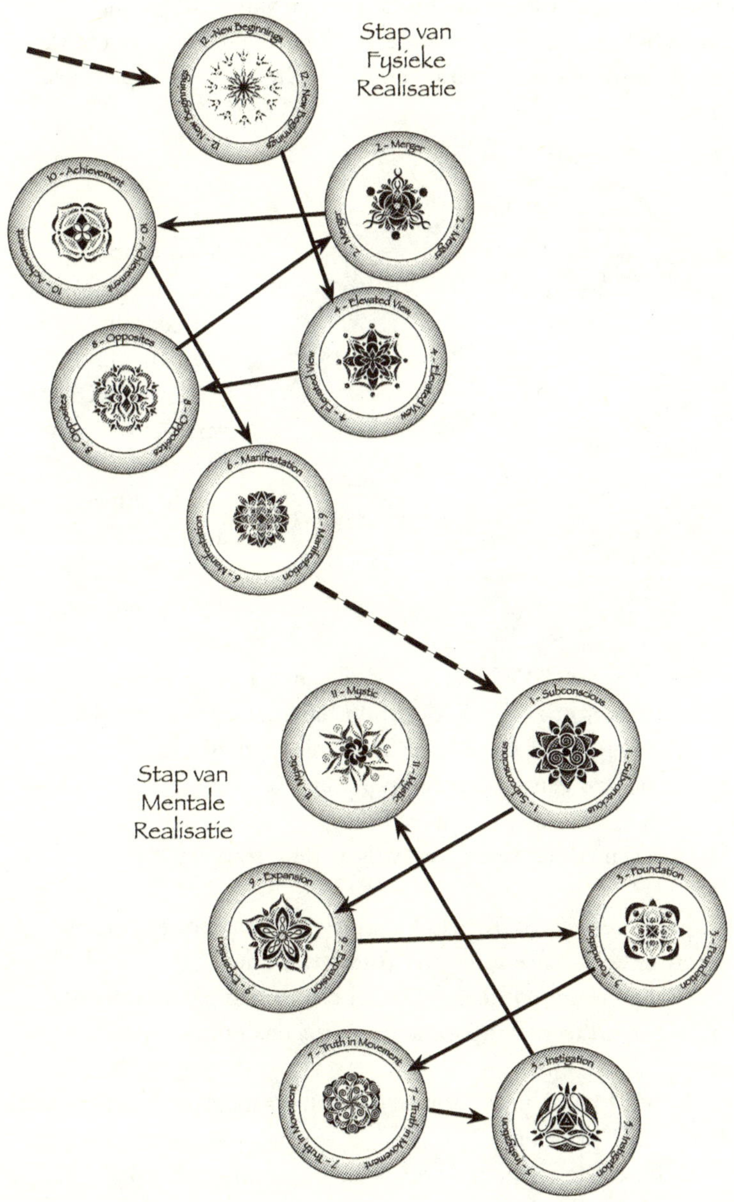

Een Altaar Creëren & Gebruiken

Een Altaar is een klassieke Spirituele Plaats en bevat alle etherische onderdelen die bij de energie van een Spirituele Plaats horen. De stappen om een Altaar te creëren zijn identiek aan de eerdere beschrijving van het creëren van een Spirituele Plaats.

Een Altaar heeft minimaal de volgende onderdelen: een centrale kaars die de "Creatieve Kracht" vertegenwoordigt. Deze kaars wordt omringd door de vier elementen. Deze vijf onderdelen bevinden zich binnen een cirkel. Wanneer er verder nog iets op het Altaar geplaatst wordt, zoals bijvoorbeeld bloemen, dan voegt dat toe aan de energie van het Altaar, maar niet aan zijn functie. Het draagt bij aan een scherpere focus van het doel.

Om een Altaar te creëren volg je deze stappen:

1. Creëer een Spirituele Plaats die groot genoeg is om het Altaar te bevatten en met het Altaar te werken.
2. Plaats binnen de geschreven cirkels een ronde tafel of teken een cirkel waarop de kenmerktekens kunnen worden geplaatst.
3. Wijd het Altaar door de centrale kaars in het midden van de cirkel te plaatsen.
4. Plaats de elementale energieën op hun positie om het doel van het Altaar te manifesteren: Aarde is in het

noordwesten. Water is in het zuidoosten. Vuur is in het zuidwesten. Lucht is in het noordoosten.

Om een Altaar te gebruiken doe je het volgende:

1. Schrijf de cirkels opnieuw rondom het bestaande Altaar, iedere keer wanneer je het wilt gebruiken. Ga dan de Spirituele Plaats binnen vanuit het oosten.

2. Steek eerst de centrale kaars aan en gebruik de vlam van deze kaars om de elementale kaars aan te steken. Terwijl je dit doet roep je de energieën op die je helpen met het doel van het Altaar.

3. Wanneer je het gebruik van het Altaar wilt beëindigen, blaas dan eerst de elementale kaars uit en pas daarna de centrale kaars.

4. Na iedere keer dat het Altaar gebruikt is, geef je de energieën van de Spirituele Plaats de vrijheid om terug te gaan naar hun bron. Dit vermindert de kracht van het Altaar niet, je toont hiermee alleen respect voor de energieën en bereidt ze voor op een volgend gebruik.

Het is een goed idee om de centrale kaars aan te steken met een kaarsje dat hier speciaal voor wordt gebruikt. Net voordat dit kaarsje op is, steek je er een nieuwe mee aan. Zo draag je de oorspronkelijke energieën van de eerste kaars over en houd je de kracht van het Altaar in stand.

De Verbinding met het Universum Gebruiken

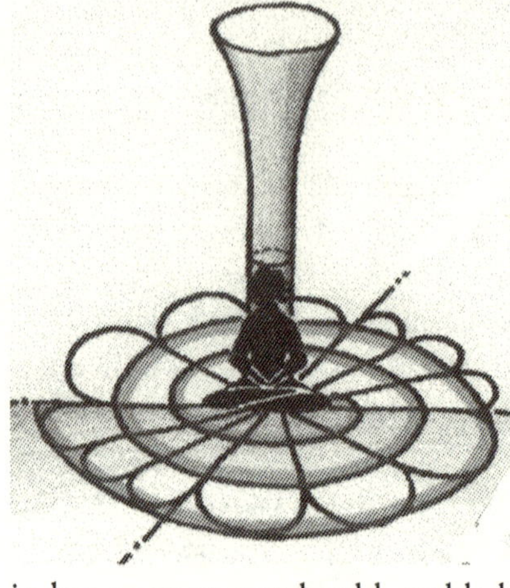

De verbinding met het Universum komt tot stand door de pulserende beweging die wordt gecreëerd door de vierpolige magneet. Dit is de "hartslag" die de verbinding met het Universum tot stand brengt. Wanneer de magneet wordt erkend, door één te worden met de pulsende beweging in het centrum van het bloembladpatroon, dan wordt een krachtig instrument voor innerlijk inzicht en persoonlijke verandering gecreëerd. Er wordt een consequente, heldere en wijze verbinding gecreëerd met alles wat ooit was, is en zal zijn op een zodanige manier dat je het kunt begrijpen.

1. Creëer een Spirituele Plaats die groot genoeg is om in te kunnen mediteren en/of reflecteren.
2. Wijd de Plaats aan de verbinding met het Universum.
3. Ga de Spirituele Plaats binnen vanuit het oosten.
4. Kijkend naar het noorden neem je de reden voor het gebruik van de verbinding met het Universum in gedachten.
5. Laat nu je gedachten vrij en loop naar het midden van de Spirituele Plaats.
6. Ga zitten en mediteer of reflecteer terwijl je de hogere interactie laat plaatsvinden.
7. Bedank de verbinding met het Universum voor de interactie en hulp en verlaat de cirkel via het oosten.
8. Laat de energieën van de Spirituele Plaats vrij om terug te gaan naar hun bron.

Natuurlijk vergt het gebruik van de verbinding met het Universum enige oefening, maar de connectie is een natuurlijk aspect van het meditatieve proces, dus meestal is het snel onder de knie te krijgen.

De Piramide Energie Gebruiken

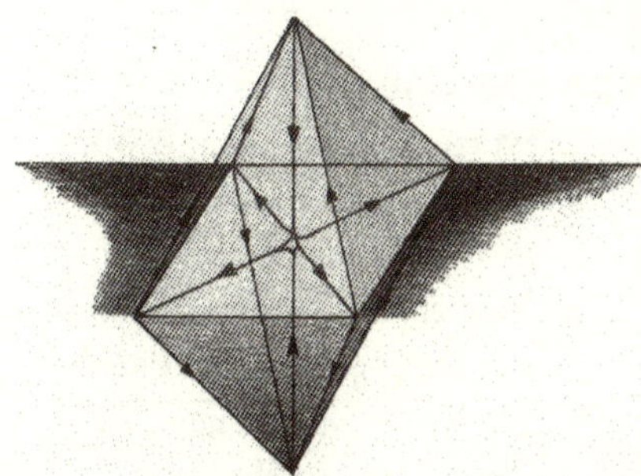

De structuur van de piramide laat de energie steeds circuleren. Dit betekent dat wanneer je in een piramide gaat zitten, je gedachten steeds circuleren. Hierdoor wordt ofwel een focus, danwel een chaotische mengeling van gedachten gecreëerd, afhankelijk van je balans. Daarom is het dubbel belangrijk om een Spirituele Plaats te creëren wanneer de piramide wordt gebruikt. Zorg er ook voor dat je iedere keer dat je de piramide gaat gebruiken, de cirkels van zuivering en bescherming schrijft. Je kunt een piramide representeren is door het maken van een draadmodel van dat deel van de piramide dat zich boven het aardoppervlak bevindt. Het deel dat in de aarde reikt wordt dan door het Universum gecreëerd. De piramide is niet gevaarlijk, maar het is een goed idee om hem met een gebalanceerde focus te gebruiken.

Het gebruik van de piramide is heel erg eenvoudig: schrijf de cirkels groot genoeg om een piramide te bevatten en ga in het midden van de piramide zitten terwijl je je van een scherpe focus verzekert. Mediteer dan op een manier die je zelf prettig vindt en die goed voor je werkt. Je zult merken dat je meditatie een voortdurende scherpe focus heeft die duidelijkheid geeft.

De piramide strekt zich zowel in de aarde als in de etherische wereld uit. Daardoor zul je, wanneer je in balans bent en in het midden van de piramide mediteert, een uitstrekkende beweging voelen, zowel naar de etherische wereld als naar het centrum van de aarde, die je verankert. Gebruik het uitstrekken als een instrument om de wijsheid van de spirituele wereld te verbinden met de praktijk van de aarde door te zeggen: “Ik verbind de twee werelden zodat zij wijsheid en balans kunnen brengen aan mijzelf, de aarde en de hele mensheid”. Dit betekent dat de meditatie aan allen ten goede komt. Na je meditatie laat je de energieën van de Spirituele Plaats vrij om terug te keren naar hun bron.

De Energie van de 'Cube of Space' Gebruiken

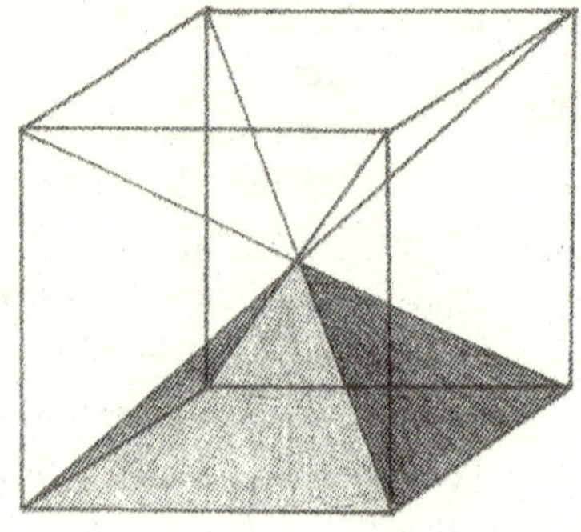

De 'Cube of space' kan worden gezien als een punt halverwege de spirituele en de fysieke werelden. Het is hier dat gedachten of solide voorwerpen vorm krijgen. De 'Cube' is een geweldige plek om te mediteren wanneer je helderheid wilt brengen in je gedachten of wanneer je aan een nieuw project of nieuwe manifestatie wilt beginnen.

Je kunt de 'Cube' op dezelfde manier gebruiken als de piramide. Begin met het maken van een draadmodel van de structuur waar je in kunt gaan zitten zodanig dat je zonnevlecht chakra zich in het exacte centrum van de 'Cube' bevindt. Daarna creëer je een Spirituele Plaats door het schrijven van de cirkels van zuivering en bescherming en wijd je die Plaats toe aan het gebruiken van de 'Cube'. Vervolgens ga je in het midden van de 'Cube' zitten mediteren. Je zult krachtige, heldere inzichten ontvangen en wanneer je daaraan werkt, kan er zelfs een solide voorwerp verschijnen. Na je meditatie laat je de energieën van de Spirituele Plaats vrij om terug te keren naar hun bron.

Elementen Gebruiken voor Manifestatie

Het mediteren met de elementen, waarbij je een pad volgt dat begint bij het lichtste element (Lucht) waarna je stapsgewijs naar het zwaarste element gaat (Vuur, Water, Aarde), is een grote hulp bij het bij elkaar brengen van alle ingrediënten die nodig zijn voor manifestatie.

Wanneer je dit pad volgt is het belangrijk dat je je één voelt met ieder element in de meditatie. Een goede manier om dat te doen is om de elementen te visualiseren in hun natuurlijke, fysieke staat. Je kunt proberen een pad te volgen dat begint in een bos, dat dan bij een kreekje of een vijver komt, daarna gaat naar de warmte van de zon op het strand en dat uiteindelijk bij een hoge berg komt. Het pad geeft een bekend beeld van alle elementen zodat de spirituele verbinding meer fysiek kan worden ervaren. Immers, manifestatie is een brug tussen de spirituele en de fysieke werelden. Wanneer je in je meditatie eenmaal op de hoge berg bent aangekomen en je één voelt met de elementen, begin je het manifestatieproces. Hiervoor neem je dat wat je wilt manifesteren mee naar het element Lucht, daarna naar het element Vuur, vervolgens naar het element Water en uiteindelijk naar de solide staat van het element Aarde. Na je meditatie bedank je de elementen en laat je de energieën van de Spirituele Plaats vrij om terug te keren naar hun bron.

Richtingen Gebruiken voor het Oplossen van Problemen

De richtingen zorgen voor de perspectieven die nodig zijn voor manifestatie en duidelijkheid. Het proces is ongecompliceerd:

1. Creëer een gezuiverde en beschermde Plaats door de cirkels te schrijven.

2. Begin je meditatie door het probleem dat je wilt begrijpen in gedachten te nemen.

3. Neem deze gedachte mee in de noordelijke richting om het probleem vanuit wijsheid, in zijn geheel te overzien.

4. Neem nu de gedachte mee in de zuidelijke richting om de details met onschuldige ogen, dus zonder vooroordelen, te kunnen zien.

5. Daarna neem je de gedachte mee in westelijke richting waar je ziet wat er gedaan moet worden om een oplossing te bewerkstelligen.

6. Tenslotte neem je de gedachte mee in oostelijke richting om zowel de oplossing, als de gevolgen van deze oplossing op de lange termijn te zien.

7. Na je meditatie bedank je de richtingen en laat je de energieën van de Spirituele Plaats vrij om terug te keren naar hun bron.

Winden Gebruiken voor Beweging

De Winden creëren een stromende beweging en de kracht die nodig is om een transformatie te volbrengen. Hun acties worden gecontroleerd door gedachten. De winden kunnen worden gebruikt op een vergelijkbare manier als de richtingen.

1. Creëer een gezuiverde en beschermde Plaats die groot genoeg is om in te mediteren, door de cirkels te schrijven.

2. Begin je meditatie met het in gedachten nemen van wat je wilt veranderen.

3. Door een beroep te doen op de Oostenwind wordt de ware aard van de situatie je duidelijk.

4. Daarna doe je een beroep op de Zuidenwind om een stabiel gevoel te krijgen over de situatie zonder terug te vallen in een oud patroon.

5. Dan doe je een beroep op de Westenwind om je te stimuleren tot enthousiaste actie ten aanzien van de verandering van de situatie.

6. Tenslotte doe je een beroep op de Noordenwind om alles wat je ontdekt en geleerd hebt in je op te nemen.

7. Na je meditatie bedank je de winden en laat je de energieën van de Spirituele Plaats vrij om terug te keren naar hun bron.

Samenvatting

Spirituele Plaatsen bestaan overal waar een noodzaak voor een verbinding met het Universum bestaat. Dit betekent dat er letterlijk miljoenen Spirituele Plaatsen verspreid over de aarde te vinden zijn. Een Spirituele Plaats is eigenlijk een complex van etherische structuren die de energieën van de Plaats steunen, onderhouden en verankeren op een manier die we kunnen voelen. Deze etherische structuren zijn: een dubbele piramide die de energie verankert en laat voortduren; het complex van helderheid die de pure identiteit van de Plaats bewaart; en het complex van interactie die voorziet in de verbinding met het Universum, zodat de Plaats en de gebruiker met de wijsheid van het Universum kunnen communiceren.

Een Spirituele Plaats wordt als volgt gecreëerd:

• Schrijf eerst de spirituele cirkels die de ruimte zuiveren en beschermen.

• Dan wordt het doel vastgesteld en worden de richtingen erkend en geëerd. Dit geeft uitdrukking aan het doel van de Plaats.

• Daarna worden de elementale energieën geplaatst en wordt het doel van de Plaats gemanifesteerd.

• Tenslotte wordt het fysieke werk dat nog nodig is om de Plaats te bouwen volbracht.

• Het Universum creëert vervolgens:

- Een piramide die de energie van het doel voortdurend circuleert en verankert;

- Een complex van helderheid dat de uitdrukking van het doel in stand houdt;

- Een complex van interactie dat de brug vormt tussen de uitdrukking van het doel van de Plaats en de gebruiker van de Plaats.

De cirkel van wijsheid kan worden gecreëerd als een op zichzelf staande Spirituele Plaats. Het resultaat stelt de gebruiker in staat antwoorden op vragen te formuleren of toegang te krijgen tot een helende energie. Het antwoord of de genezing vinden hun oorsprong in de Creatieve Kracht van het Universum. Ook het bloembladpatroon kan als een onafhankelijke Spirituele Plaats gecreëerd worden. Deze Spirituele Plaats voorziet in een interactieve verbinding tussen de gebruiker in een meditatieve staat en het Universum, op een heldere, beknopte manier.

De aarde is een perfect voorbeeld van een Spirituele Plaats waar ieder component van een Spirituele Plaats op een gigantische schaal bestaat. Een kleine icoon zoals een ring heeft ook alle elementen van een Spirituele Plaats maar dan op heel kleine schaal. De aarde herhaalt dezelfde elementen op heel grote schaal.

Het lijkt erop dat dezelfde patronen zelfs worden gereproduceerd op universele schaal. De herhaling van de componenten van Spirituele Plaatsen door de aarde en het Universum betekent dat alles met elkaar is verbonden. Het creëert een structuur die steeds in beweging is en continu communiceert met alles in het Universum. Dit is wat wij de 'Universal Mind', de universele gedachten, noemen.

Het is mogelijk om zelf naar één van de miljoenen Spirituele Plaatsen te gaan en daar door middel van meditatie te communiceren met elke andere Spirituele Plaats in het Universum.

Deel IV
Kaartleggen

Bij dit boek zijn kaarten toegevoegd die de universele energieën, die in dit boek beschreven zijn, afbeelden. De kaarten kunnen gemakkelijk worden gebruikt door iedereen die op de drie niveaus van bewustzijn wil werken. De niveaus zijn:

1. Fysiek: Je krijgt een direct antwoord op je vragen. Dit is het wereldse of persoonlijke perspectief.
2. Mentaal: Er wordt een houding gecreëerd die het mogelijk maakt het antwoord te ontdekken. Je staat open voor het beste antwoord. Dit is het perspectief van het ontdekken.
3. Spiritueel: Er wordt een ruimte gecreëerd waarbinnen het antwoord wordt gemanifesteerd. Dit perspectief brengt het antwoord op een zodanige manier in je leven, dat het antwoord het proces van je persoonlijke groei ondersteunt.

Het gebruiken van deze kaarten geeft je unieke mogelijkheden je persoonlijke groei te ondersteunen door het leggen van de kaarten. Je kunt bijvoorbeeld een legpatroon kiezen dat je een direct antwoord geeft op je vraag (fysiek), of dat een antwoord geeft dat voortkomt uit je eigen intuïtie (mentaal), of dat een antwoord geeft dat in je leven op je pad komt (spiritueel).

Het niveau dat je kiest is natuurlijk belangrijk. Soms lijkt het gemakkelijker om voor een direct antwoord te kiezen. Onthoud echter dat de reden van het leven is om je levenspad, dat je zelf kiest, te ervaren en om te groeien op een spiritueel niveau. Het is ons advies om er helemaal in te duiken en de mentale en spirituele leggingen van de kaarten voor je te laten werken op een zodanige manier dat interessante mogelijkheden op je pad gebracht worden. Het accepteren van en werken met deze mogelijkheden worden dan een deel van je pad van persoonlijke groei en vervulling.

Misschien merk je dat je begint met de fysieke interpretaties en later meer de richting van de mentale en spirituele interpretaties op gaat. De antwoorden die je krijgt zullen je sturen naar het beste niveau voor het interpreteren van de kaarten. Wanneer je antwoorden onduidelijker worden, kijk dan naar de hogere frequenties van de mentale en spirituele interpretaties. Je hogere zelf heeft alle antwoorden al en zal je in de goede richting duwen.

De set kaarten is je eigen Spirituele Plaats. Ze worden heel persoonlijk door het gebruik. In feite is iedere kaart van de set een persoonlijke Spirituele Plaats. Iedere kaart beweegt je in de richting van dat antwoord dat uniek is en het beste voor jou. Het geeft dit antwoord vanuit een perspectief dat door jou begrepen kan worden. Je levenspad is immers je eigen spirituele reis. Het is de reis, niet de eindbestemming, die belangrijk is en die bevrediging geeft.

Alle kaarten in deze set beelden een fundamentele universele energie uit. Het is de pure kern van die energie, hij is niet verder te verdelen. Om deze puurheid van de kaarten te bewaren hebben we de definities wat esoterisch gehouden. Het is onze hoop dat diegenen die daarin zijn geïnteresseerd deze set als uitgangspunt zullen nemen om op te bouwen en nieuwe sets van kaarten zullen gaan creëren die de energieën weergeven op een manier die is afgestemd op het gebruik van de kaarten.

De betekent niet dat deze kaarten niet praktisch zijn. Het tegendeel is waar! De meest bruikbare adviezen die we ooit kregen kwamen door het gebruik van deze kaarten en legpatronen die in dit boek beschreven staan. Wanneer je deze kaarten gebruikt is het echter goed om jezelf voor te bereiden op puur en direct advies dat wordt geput uit de universele bron.

Zowel de mandala's als de beschrijvingen worden krachtiger naarmate je de kaarten vaker gebruikt. Wij wensen je het allerbeste op je pad en we hopen dat de kaarten je op je spirituele reis zullen helpen!

Universele Energieën

We noemen deze energieën universeel omdat de energieën de bron van het creatieve proces weergeven. Universele energieën hebben geen ego en worden dus ook niet gehinderd door enig vooroordeel. Het zijn eenvoudigweg energieën die de mogelijkheid hebben te helpen in ons proces van 'mens zijn'. Ze zullen met je werken op elk niveau en voor ieder doel dat je kiest.

Omdat dit de unieke energieën van de universele bron zijn kunnen ze niet op logische wijze verder onderverdeeld worden in categorieën of kleinere delen. Dit houdt in dat wanneer ze gebruikt worden om de kaarten te leggen de kern van het antwoord wordt gepresenteerd. Met andere woorden, er ligt niets verborgen achter de energieën, en daardoor ligt er niets verborgen in het antwoord. Dat is goed nieuws wanneer je al een poosje tegen een muur aanloopt en echt bent geïnteresseerd in een nieuwe kijk op een vraag of probleem. Waarom zou je anders kostbare tijd en geld spenderen aan het vinden van een antwoord? Bedenk dat het net zo gemakkelijk is om vooruit te gaan, als het is om te blijven steken in een oud perspectief. Wees open voor dat wat wordt aangereikt.

De universele energieën kunnen worden verdeeld in vier categorieën:

1. De Fundamentele Energieën

Dit zijn de bouwstenen van het Universum en zij representeren alle ingrediënten die nodig zijn voor manifestatie. De individuele energieën zijn: Richtingen die perspectief vertegenwoordigen; Elementen die de ingrediënten vertegenwoordigen en de Winden die de beweging vertegenwoordigen. Het zijn:

Richtingen	Elementen	Winden
Noord	Aarde	Noordenwind
Zuid	Water	Zuidenwind
West	Vuur	Westenwind
Oost	Lucht	Oostenwind

2. De Wijsheidsenergieën

Dit zijn de twaalf stadia waarin wijsheid zich zodanig ontplooit dat iedere energie een stap is op het pad van begrip. De individuele energieën zijn:

1. Nieuw Begin	7. Manifestatie
2. Onderbewustzijn	8. Waarheid in Beweging
3. Samensmelting	9. Tegenovergestelden
4. Fundament	10. Uitbreiding
5. Verheffing	11. Volbrengen
6. Aansporing	12. Mystiek

3. De Energieën van de Lemniscaat

Dit zijn de twaalf stappen van manifestatie, of dat nu een pot met goud of een idee betreft. De individuele energieën zijn:

1. Dageraad	7. Loslaten & Acceptatie
2. Ontwaken	8. Energie van Manifestatie
3. Begroeting	9. Fundament
4. Vragen	10. Het Begin
5. Reflectie	11. Manifesteren
6. Lanceren	12. Soliditeit

4. De Verzamelpunt Energieën

Dit zijn de twaalf verdelingen van overbrugging en zij representeren de manieren waarop het Universum kan worden bekeken en het niveau waarop interactie kan plaatsvinden. De individuele energieën zijn:

1. Fysieke Internalisatie	7. Fysieke Interactie
2. Mentale Internalisatie	8. Mentale Interactie
3. Spirituele Internalisatie	9. Spirituele Interactie
4. Spirituele Integratie	10. Spirituele Verspreiding
5. Mentale Integratie	11. Mentale Verspreiding
6. Fysieke Integratie	12. Fysieke Verspreiding

Bovendien zijn er nog twee groepen van energieën toegevoegd. Deze energieën behoren niet tot de fundamentele universele energieën, maar ze helpen bij het verkrijgen van heldere antwoorden door de set kaarten aan te vullen.

Het zijn:
5. De Kenmerkteken Energieën:
Zij representeren zeven noodzaken of condities.

6. De Energieën van Groei:
Deze representeren vijf mijlpalen op je pad van groei.

De individuele energieën zijn:

De Kenmerkteken Energieën	De Energieën van Groei
1. Manifestatie	1. De Ingaande Trechter
2. Healing	2. De Uitgaande Trechter
3. Vragen	3. De Stapstenen
4. Introspectie	4. Zaad
5. Communicatie	5. De Brug
6. Verjonging	
7. Vrede	

Wees er alert op dat Manifestatie voorkomt in de wijsheidsenergieën, de energieën van de lemniscaat en in de kenmerkteken categorie. Ieder van de drie Manifestatie kaarten refereert aan zijn eigen categorie, er zijn dus belangrijke verschillen! De wijsheidsenergie van Manifestatie vertegenwoordigt het idee van manifestatie. De lemniscaat energie van Manifestatie vertegenwoordigt een stap in het proces van manifestatie. Het kenmerkteken voor Manifestatie vertegenwoordigt de noodzaak voor manifestatie.

Je Kaarten Voeden & Verzorgen

Om je kaarten effectief te gebruiken voor het kaartleggen (het krijgen van directe en onmiddellijk te gebruiken antwoorden) is het goed om de volgende richtlijnen te volgen:

1. Respect

Hoe meer de kaarten worden gerespecteerd, hoe krachtiger ze worden. Respect betekent op zijn minst het erkennen en bedanken van de energieën iedere keer dat ze worden gebruikt. Zelfs al hebben de energieën geen persoonlijkheid of noodzaak voor erkenning, ze zijn levend en bewust. De levenskracht van je kaarten zal duidelijker gevoeld worden wanneer de kaarten worden gerespecteerd en gebruikt. De kracht van de kaarten ligt in het besef dat er iets goeds zal voortkomen uit hun gebruik.

2. Vriendschap

In vriendschap gaat het om de meest productieve interactie tussen twee bewuste wezens. Er geen voorwaarden in vriendschap. In echte vriendschap geldt niet: 'voor wat hoort wat'. Vriendschap is niet gemakkelijk te onderhouden, vaak staat ons ego een meer pure interactie in de weg. Ware vriendschap is een interactie vanuit onvoorwaardelijk geloof en vertrouwen in elkaar.

Je kaarten hebben bewustzijn. Zij hebben een doel en een leven dat verlangt naar communicatie en eerlijkheid. Zij hebben geen ego dat zegt: "Ik weet meer dan jij". Ze kennen alleen het verlangen om te helpen. Waar vind je een grotere vriendschap?

Een manier om vrienden te worden met je set kaarten is door het een naam te geven. Wij hebben ieder onze eigen set een naam gegeven en de kaarten lijken dat fijn te vinden. We laten ook andere mensen niet met onze kaarten werken. De kaarten zijn onze persoonlijke vrienden en we willen niet dat de energie van andere mensen die ruimte binnenkomt en verwarring brengt in onze communicatie.

3. Bescherming

Je kaarten zouden altijd beschermd moeten zijn. Dat is niet alleen om respect te tonen, maar ook om ze in een conditie te houden waarin ze gemakkelijk te gebruiken en te begrijpen zijn. Het water blijft dan helder, om het zo maar te zeggen.

Je kunt je kaarten beschermen door ze in een doek te wikkelen of in een tas of doosje te plaatsen en ze op te bergen wanneer je ze niet gebruikt.

4. Gebruik

Hoe meer je je kaarten gebruikt, hoe blijer ze worden. En des te vaker je ze gebruikt, des te beter word je in het accuraat ontcijferen van hun advies. Bovendien krijg je door gebruik een beter begrip van de kaarten, waardoor de interpretatie bij het kaartleggen gemakkelijker wordt. Tenslotte, respecteer ze op een manier die zegt: "Je bent het waard".

5. Creëer een Spirituele Plaats

De eerste stap in de voorbereiding voor het kaartleggen is het creëren van de spirituele cirkels van zuivering en bescherming rondom de plaats waar je de kaarten wilt leggen. De cirkels kunnen mentaal worden geschreven. Bovendien kunnen ze tijdelijk of blijvend van aard zijn zoals eerder werd beschreven in dit boek. Wanneer het proces van het schrijven van de cirkels iedere keer dat de kaarten worden gebruikt wordt herhaald, worden de kracht en de bruikbaarheid van de kaarten enorm vergroot.

Volg deze stappen om een Spirituele Plaats te creëren:

1 - Kies een ruimte of een tafel die geschikt is voor het kaartleggen.

2 - Schrijf de cirkels van zuivering en bescherming.

3 - Bedank de energieën voor het zuiveren en beschermen van de ruimte.

Een uitgebreide beschrijving van dit proces vind je in het hoofdstuk over het creëren van een Spirituele Plaats.

6. Stel een Duidelijke Vraag

Er is niets belangrijker om een duidelijk en beknopt antwoord te krijgen dan de manier waarop de vraag gesteld wordt. Wanneer een vage vraag gesteld wordt, dan zal het antwoord onduidelijk zijn. Verzeker je ervan dat er geen voor de hand liggende of verborgen inconsequenties in de vraag verborgen liggen. De kaarten werken met de betekenis van de woorden die je gebruikt zoals die in het woordenboek vermeld staan. Stap niet in een valkuil door te zeggen: "De kaarten weten wel wat ik bedoel". De kaarten weten inderdaad wel wat je bedoelt maar zullen toch de vraag beantwoorden zoals die is geformuleerd.

De beste manier om een vraag duidelijk te krijgen is om hem op te schrijven. Kijk dan naar wat je hebt geschreven en vraag jezelf af: "Als ik van een andere planeet zou komen en deze taal niet begrijp, wat betekent deze vraag dan voor mij?" Stel ook maar één vraag tegelijk. De kaarten kunnen maar één vraag tegelijk beantwoorden. Blijf de vraag vereenvoudigen totdat er precies staat wat je wilt weten en ga dan verder met het leggen van de kaarten.

7. Leg de Kaarten

Na het respecteren en beschermen van je kaarten, het voorbereiden van de ruimte en het formuleren van een duidelijke vraag, is nu het moment aangebroken om de kaarten te gaan leggen. In het volgende hoofdstuk zijn een aantal van onze favoriete legpatronen te vinden. Je kunt natuurlijk ook een eigen legpatroon gebruiken, of een legpatroon dat uit de Tarot of uit een ander systeem van kaartleggen komt.

8. Na het Leggen van de Kaarten

Wanneer je klaar bent met het kaartleggen bedank je de energieën voor hun hulp. Dan laat je de energieën van de Spirituele Plaats vrij om terug te keren naar hun bron. De energie van de cirkels van zuivering en bescherming kunnen blijvend zijn door gebruik, maar zullen verdwijnen wanneer ze niet worden gebruikt. Het niet vrijlaten van de energieën is een teken van gebrek aan respect. Het vrijlaten van de energieën zal de energieën niet laten verdwijnen; het laat ze terugkeren naar hun bron om te rusten. Het is het beste om de Spirituele Plaats iedere keer dat je deze nodig hebt te creëren en vrij te laten. Dat houdt de energieën nieuw en krachtig.

9. Reiniging

Nadat de kaarten vaak gebruikt zijn kunnen ze een beetje kleverig gaan aanvoelen. Dat komt hopelijk niet van de pizza van gisteren, maar omdat de energie van vorige kaartleggingen aan de kaarten blijft hangen. Wanneer dit gebeurt is het tijd ze te reinigen.

Er zijn twee effectieve methodes om je kaarten te reinigen. De eerste is om ze voor een periode van ongeveer drie uur in de zon te leggen. Zorg ervoor dat ze beschermd zijn en niet door een nieuwsgierige voorbijganger kunnen worden opgepakt. De tweede manier is om de kaarten voor een nacht in een zak met zout te plaatsen. Je zorgt er dan voor dat de kaarten los in het zout liggen zodat iedere afzonderlijke kaart met het zout in aanraking komt.

Beide manieren werken heel goed. Het is aan jezelf voor welke methode je kiest.

Het Negen-Kaarten-Patroon:

De drie niveaus van begrip.

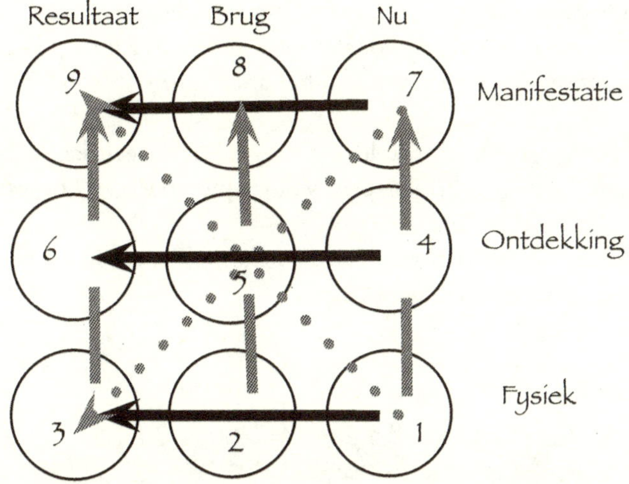

Dit legpatroon geeft het antwoord op drie niveaus van begrip die samen een geheel vormen; het fysieke niveau, het niveau van ontdekking en het niveau van manifestatie. Het fysieke niveau geeft een direct antwoord op de vraag of het probleem. Het niveau van ondekking geeft het perpectief, dat je laat zien wat jouw deel is in het geheel. Het niveau van manifestatie geeft de stappen die nodig zijn om groei in je leven te brengen waar dat de vraagstelling betreft.

De kaarten worden gelegd in de volgorde zoals hierboven getoond wordt. De rechter kolom geeft een indicatie van de huidige situatie. De linker kolom geeft het resultaat weer. De middelste kolom laat de brug zien tussen de huidige situatie en het resultaat.

Dit is een uitermate bruikbaar legpatroon en het is ons favoriete patroon omdat het zoveel informatie geeft. Iedere vraag of elk probleem dat je tegenkomt in het leven heeft een groter doel dan alleen maar nieuwsgierigheid of noodzaak. Het negen-kaarten-patroon geeft je het antwoord (de onderste rij), geeft aan hoe je het antwoord kunt toepassen of gebruiken (de middelste rij) en vertelt je hoe je het antwoord in je leven kunt manifesteren (de bovenste rij).

De rijen worden gelezen van rechts naar links. De kolommen kunnen ook gelezen worden door bij het fysieke niveau te beginnen en te eindigen bij het niveau van manifestatie. Zij geven een verfijning van het antwoord. Bovendien kun je de diagonalen interpreteren. Zij helpen een beknopt overzicht te geven van het antwoord.

Hier volgt een voorbeeld van hoe wij het negen-kaarten-patroon hebben gebruikt toen we in september 1999 begonnen dit boek te schrijven.

Vraag: Wat zal het resultaat zijn wanneer mensen dit negen-kaarten-patroon gaan gebruiken?

Antwoord:

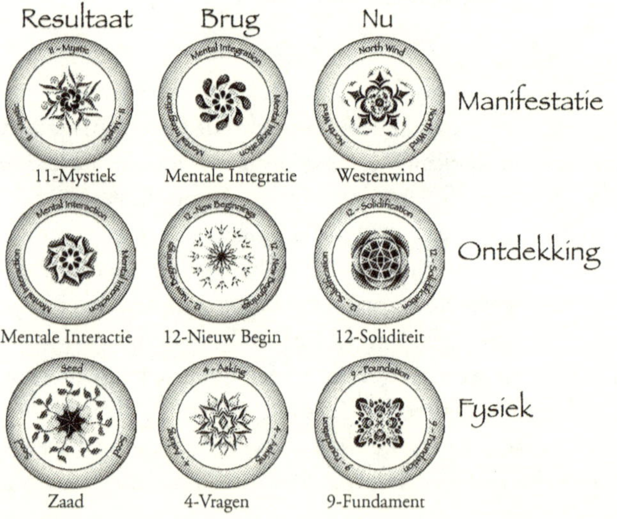

Laten we dit rij voor rij tegelijk interpreteren, te beginnen met het fysieke niveau terwijl we het manifestatie niveau voor het laatst bewaren.

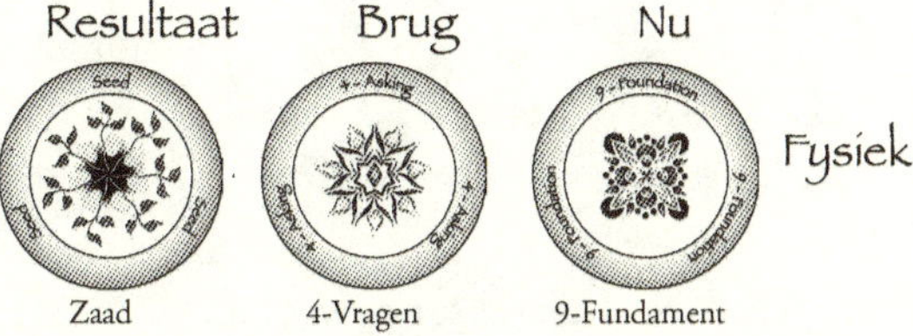

Nu: 9 - Fundament: Ingrediënten voor manifesteren.
Brug: 4 - Vragen: Actie om in beweging te komen.
Resultaat: Zaad: De nieuwe kiem.

De interpretatie luidt: Alles is aanwezig om door fysieke activiteit (gebruik) het antwoord te laten ontkiemen.

Nu het niveau van ondekking:

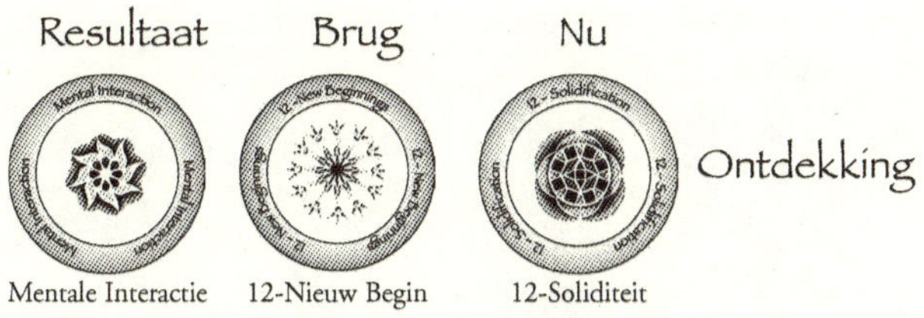

Nu: 12 - Soliditeit: Het resultaat van manifestatie.
Brug: 12 - Nieuw Begin: Het nieuwe ontluikt.
Resultaat: Mentale Interactie: Het communiceren van begrip.

De interpretatie luidt: Het resultaat van het kaartleggen geeft nieuw begrip door nieuwe informatie te presenteren.

Vervolgens, het niveau van manifestatie van de interpretatie:

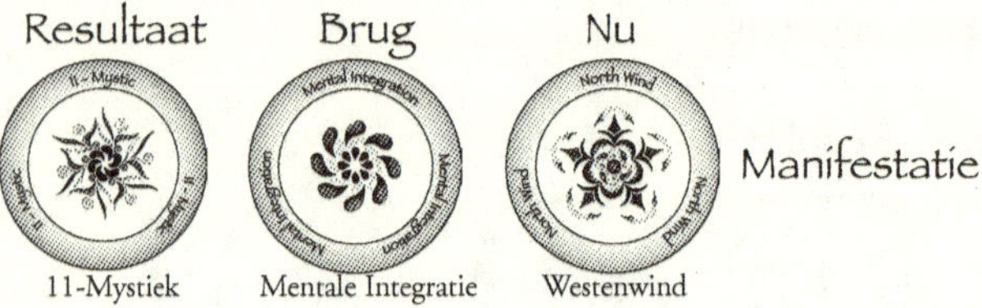

Nu: Westenwind: Stimulatie tot beweging.
Brug: Mentale Integratie: Perspectief tegenover behoefte.
Resultaat: 11 - Mystiek: Doordring de sluier.

De interpretatie luidt: De ontstane stimulatie geeft het vermogen om het verborgene te zien door de ogen van de werkelijkheid en niet vanuit wat je denkt dat je nodig hebt.

Laten we ook kijken naar de diagonalen. Eerst vanuit de huidige fysieke situatie naar het spirituele resultaat:

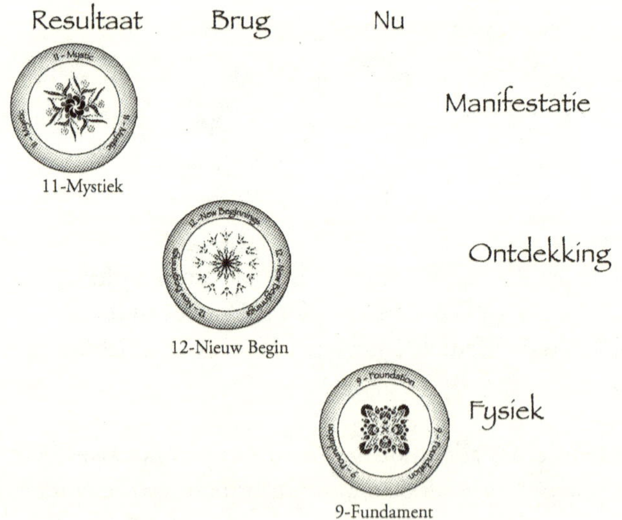

Nu: 9 - Fundament: Ingrediënten voor manifestatie.
Brug: 12 - Nieuw Begin: Het nieuwe ontluikt.

Resultaat 11 - Mystiek: Doordring de sluier.

De interpretatie luidt: De brug naar het alwetende antwoord ligt in het loslaten van van tevoren vastgestelde ideeën en rust op een sterk fundament.

Nu de andere diagonaal, vanaf het fysieke resultaat naar het huidige niveau van manifestatie.

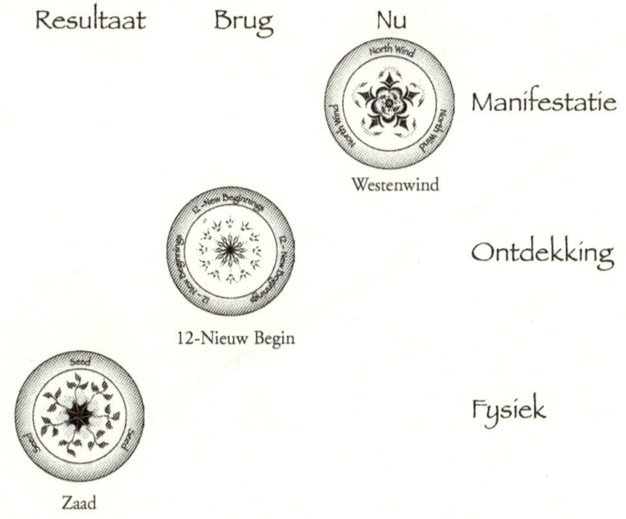

Nu: Westenwind: Stimulatie tot beweging.
Brug12 - Nieuw Begin: Het nieuwe ontluikt.
Resultaat: Zaad: De nieuwe kiem.

De interpretatie luidt: Nieuwe concepten geven een stimulans die het proces in gang zet dat het ontkiemde idee tot een fysiek resultaat brengt.

De vraag was: Wat zal het resultaat zijn wanneer mensen dit negen-kaarten-patroon gaan gebruiken? Wat kunnen we er nu nog meer over vragen? Misschien meer over timing en toekomst? Deze aspecten komen aan de orde bij andere legpatronen die hierna beschreven worden.

Het Zeven-Kaarten-Patroon:
De stappen naar een beslissing.

Dit patroon toont zeven stappen die nodig zijn om het antwoord op een vraag te verkrijgen. Het patroon spreekt voor zichzelf.

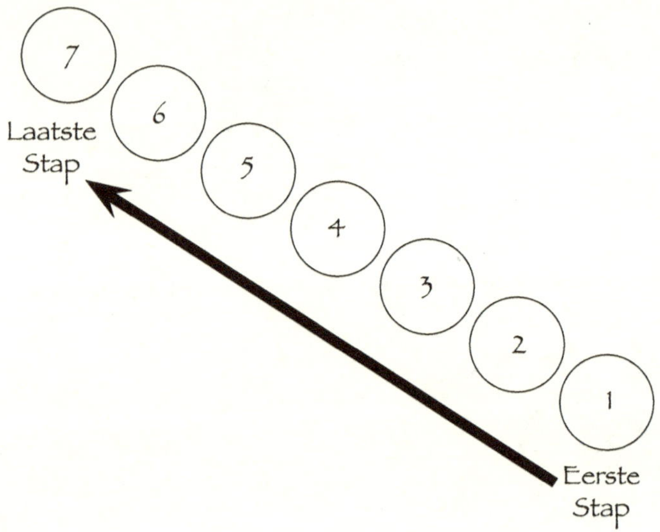

De kaarten worden gelegd en gelezen in de volgorde zoals die is aangegeven. Ieder van de drie niveaus van interpretatie (Mentaal, fysiek of Spiritueel) kunnen worden gebruikt bij de interpretatie. Bedenk dat zeven een mystiek getal is. Het heeft te maken met iedere realisatie of manifestatie.

Dit voorbeeld van een zeven-kaarten-patroon hebben we gelegd in oktober 1999. We begonnen toen met uitgevers te communiceren over het publiceren van dit boek.

De vraag was:

Wat moeten we doen om dit boek uit te geven?

Het antwoord was:

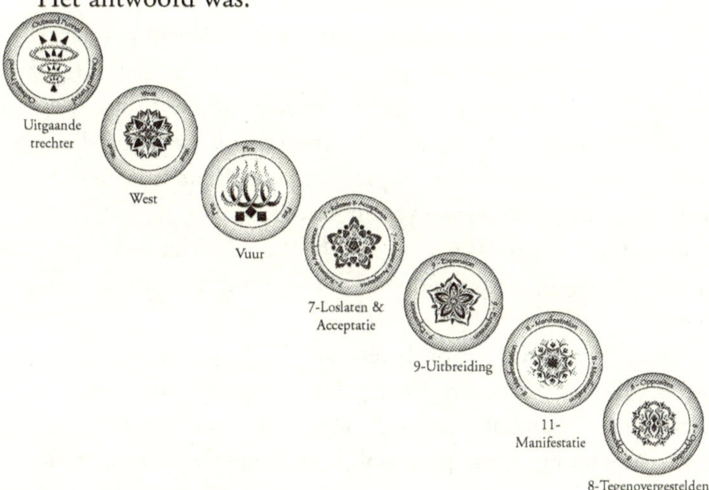

De fysieke interpretatie van de stappen was:

Stap 1.: 8 - Tegenovergestelden: De andere kant.

Kijk naar het proces door de ogen van de uitgever.

Stap 2.: 11 - Manifestatie: De actie van manifesteren.

Maak het boek af.

Stap 3.: 9 - Uitbreiding: Productieve groei.

Stel een presentatie samen voor de uitgevers.

Stap 4.: 7 - Loslaten & Acceptatie: Verwijder vooroordelen.

Verstuur een presentatie van het boek en accepteer het antwoord dat terugkomt.

Stap 5.: Vuur: De beweging.

Bekijk het commentaar van de uitgevers en communiceer met hen.

Stap 6.: West: De actieve beweging.

De uitgever neemt een beslissing en een contract wordt opgesteld.

Stap 7.: Uitgaande Trechter: Van binnenuit komende regeneratie.

Neem beslissingen over hoe het boek en de daarbij behorende kaarten verpakt gaan worden.

Het Zes-Kaarten-Patroon

De juiste universele tijd.

Het voorspellen van wat de juiste universele tijd is waarop iets kan plaatsvinden is een moeilijk te benaderen taak. De realiteit is dat het Universum geen andere tijd kent dan de natuurlijke orde van dingen. Wij mensen zijn diegenen die willen weten wanneer iets zal plaatsvinden. Echter, wanneer onze tijd (ons persoonlijke verlangen) in gelijke pas loopt met de universele tijd (universele behoefte), dan vormt zich een patroon van gelijktijdigheid waardoor de dingen onmiddellijk gebeuren.

Daardoor wordt het probleem van het bepalen van de tijd van het manifesteren een regelrechte vergelijking van persoonlijk verlangen tegenover universele behoefte. Dit klinkt eenvoudig, maar persoonlijk verlangen wordt maar al te snel het door de ego gedreven: 'Ik wil het op mijn manier'. Het is deze houding van 'mijn manier' die koppigheid in de hand werkt en het moeilijk maakt om open te staan voor mogelijkheden.

Het zes-kaarten-patroon is een enorme hulp bij het oplossen van conflicten tussen de universele juiste tijd en de menselijke verlangde tijd waarop iets zal plaatsvinden. Het doet dat door een heldere vergelijking tussen beide te maken die ons dan laat zien of ons verlangen gelijktijdig is met de behoefte van het Universum om iets te laten plaatsvinden. Wanneer wij met het Universum samenwerken aan hetzelfde resultaat, dan wordt de tijdsspanne nul (onmiddellijke manifestatie) of onbelangrijk.

Blijf altijd open staan. De antwoorden komen vaak uit een onverwachtte hoek!

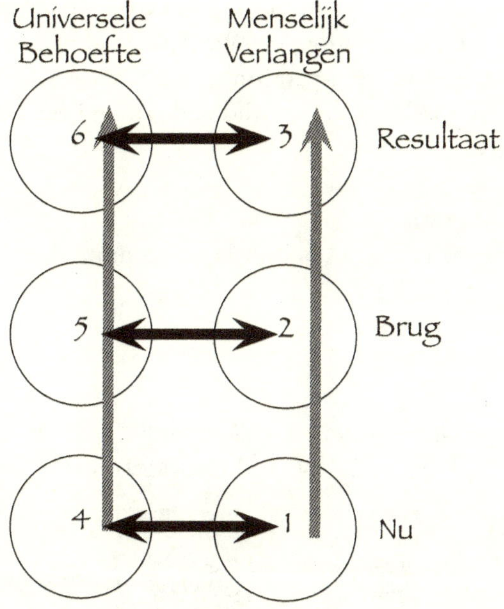

De kaarten worden gelegd op de getoonde manier. Interpreteer de kaarten van beneden naar boven, te beginnen met de kolom van het menselijk verlangen en daarna de kolom van de universele behoefte. Om meer inzicht te krijgen kijk je naar de paren 1 en 4, 2 en 5 en tenslotte 3 en 6 waar de Universele behoefte en jouw verlangen mogelijk verschillen.

Zijn er veel overeenkomsten, dan is de tijdsspanne kort. Zijn de paren geheel verschillend in energie, dan wordt een gebrek aan gelijktijdigheid met het Universum getoond en zal het langer duren voordat dat wat je verlangt plaatsvindt. Wanneer de gelijktijdigheid onduidelijk is of op de lange baan geschoven lijkt te worden, ga dan terug naar het negen-kaarten-patroon om duidelijkheid te krijgen over de situatie.

Laten we eens gaan kijken naar een voorbeeld van het zes-kaarten-patroon:

De voorbeeldvraag komt uit 1999 toen we bekeken hoe we dit boek konden uitgeven. We hadden al vragen gesteld met het negen-kaarten-patroon en het zeven-kaarten-patroon (vorige voorbeelden) en we wilden de timing een beetje beter begrijpen.

De vraag was:
Wat is de juiste tijd om dit boek op professionele wijze uitgegeven te krijgen.
En het antwoord was:

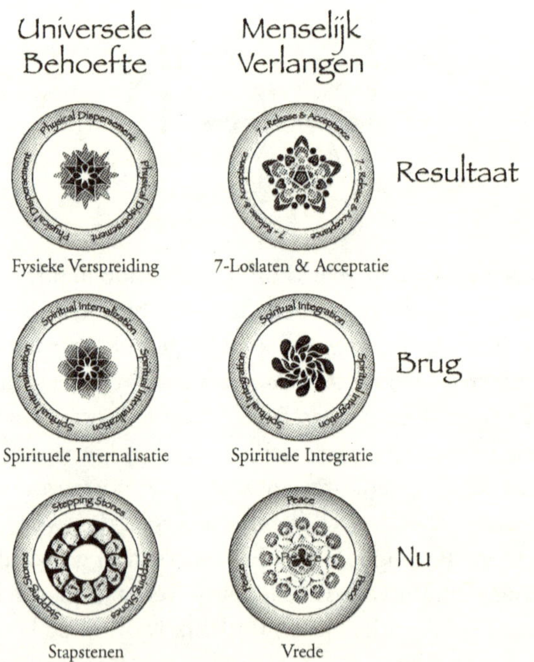

Laten we nu de kaarten interpreteren:

We kijken eerst naar de menselijke kant...

Menselijk Verlangen

Nu:
Vrede: Voorkom chaos.

Brug:
Spirituele Integratie: Identiteit van de omgeving.

Resultaat:
7-Loslaten & Acceptatie: Het loslaten van concepten.

Wij interpreteerden dit als: raak niet in paniek. Het Universum heeft behoefte aan dit boek, we moeten gewoon ons werk doen.

Resultaat

7-Loslaten & Acceptatie

Brug

Spirituele Integratie

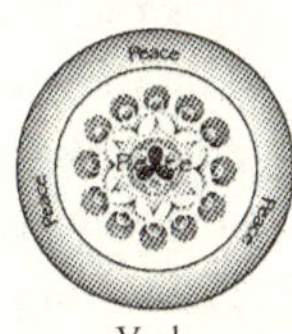
Nu

Vrede

Nu de universele kant...

Universele Behoefte

Resultaat

Fysieke Verspreiding

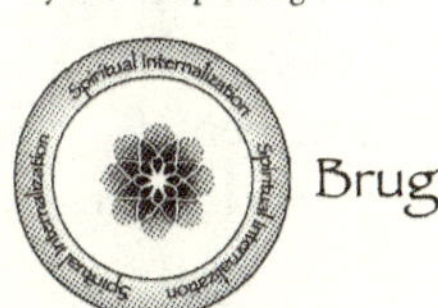
Brug

Spirituele Internalisatie

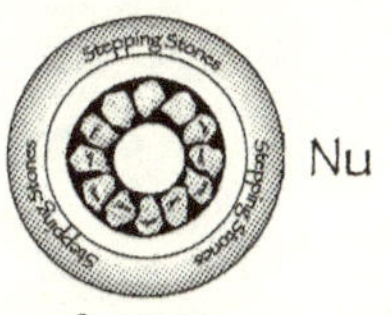
Nu

Stapstenen

Nu:
Stapstenen: Productieve beweging.

Brug:
Spirituele Internalisatie: De ware identiteit.

Resultaat:
Fysieke Verspreiding: Van een afstand bekijken.

We interpreteerden dit als: we nemen de juiste stappen. Volhouden, wat we doen is goed en het boek wordt uitgegeven.

De universele en menselijke kanten zijn het hier min of meer eens. Alles wat moet gebreuren is dat we ons werk doen. De gelijktijdigheid ziet er goed uit. Laat het proces nu maar beginnen.

Het Drie-Kaarten-Patroon

Affirmaties die het antwoord manifesteren.

Het drie-kaarten-patroon werkt geweldig wanneer de dingen door elkaar lijken te lopen en je een duwtje in de goede richting nodig hebt. Het wordt bewerkstelligd door een affirmatie te creëren die zal helpen een oplossing te vinden voor een probleem of door te helpen om iets waaraan een behoefte bestaat te manifesteren. Op z'n minst zal het drie kaarten patroon je naar de volgende stap in je groeiproces brengen.

Aan de oppervlakte lijkt het drie-kaarten-patroon eenvoudig. Het is echter onze ervaring dat deze eenvoud alleen aan de oppervlakte bestaat en dat dit één van de meest krachtige patronen is die we zijn tegengekomen. Dat komt doordat de affirmatie die wordt gecreëerd je op de goede weg helpt, wat je volgende stap ook moge zijn.

Toch is er een ingebouwde veiligheidsklep die voorkomt dat alles te snel gaat. Deze veiligheidsklep heet 'je eigen vrije wil'. Het is je vrije keus om te zeggen: 'Dit is niet iets dat ik wil op dit moment', en in dat geval zal de affirmatie waarschijnlijk niet werken. Nog belangrijker is dat, of je het nu zegt of niet, als je iets echt niet in je leven wilt, het proces van manifestatie maar heel langzaam gaat. Het zal je op die manier ruim voldoende tijd geven om te beslissen het proces voortgang te laten vinden of het proces te onderbreken.

Bereid dus je vraag of mededeling zorgvuldig voor. Zorg dat je zeker weet of je het resultaat ook wilt en wees bereid de uitkomst in je leven te accepteren. Op die manier laat je het drie kaarten patroon een instrument zijn dat kan helpen je leven in balans te brengen. Bedenk wat het is dat je echt wilt.

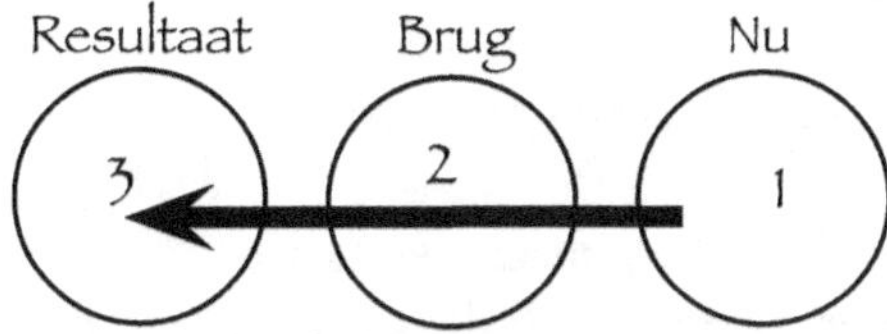

De kaarten worden in de bovenstaande volgorde gelegd. Interpreteer de kaarten van rechts naar links, beginnend met 'nu' en eindigend met 'resultaat'. De middelste kaart is de brug die je laat zien hoe je van nu naar het resultaat komt.

Nadat het patroon is geïnterpreteerd, creëer je een affirmatie waarbij je de spirituele betekenis van de kaarten gebruikt. Dit proces kan het beste getoond worden aan de hand van een voorbeeld.

De vraag was:
Wat is de beste manier om dit boek gepubliceerd te krijgen?
En het antwoord was:

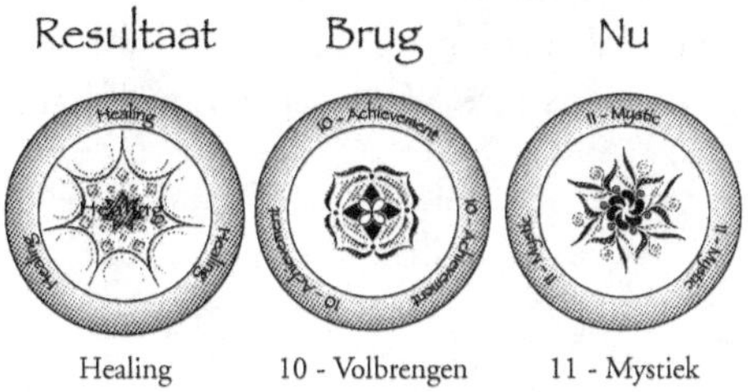

Healing 10 - Volbrengen 11 - Mystiek

De betekenissen van de drie kaarten zijn:

Nu: 11 - Mystiek: Doordring de sluier.
Brug: 10 - Volbrengen: Accepteer de mogelijkheden.
Resultaat: 'Healing': Welzijn.

De interpretatie luidt: Kijk naar het verborgene om mijzelf te genezen door het accepteren van mijn mogelijkheden.

Blijkbaar heeft het uitgeven van het boek veel te maken met zelfvertrouwen.

Nu kan een affirmatie worden gecreëerd door de spirituele betekenissen van de kaarten te gebruiken:

Nu: Mystiek: Ik ben alziend en ik weet.
Brug: Volbrengen: Ik ben de schepping en ik schep.
Resultaat: 'Healing': Ik ben genezen.

De eerste vorm van de affirmatie is:
Ik ben genezen door dat te nemen wat ik zie en weet en het te gebruiken om te scheppen.

Een meer samenhangende affirmatie kan zijn:
Ik schep vanuit dat wat ik al weet en ik ben genezen.

Of:
Ik ben genezen doordat ik weet dat ik alles heb wat nodig is om te scheppen.

Nadat we deze affirmatie een poosje hadden gebruikt kwamen we tot het begrip dat het boek veel nieuwe ideeën presenteert en daardoor heel bruikbaar is. Dit gaf ons het zelfvertrouwen om verder te gaan met het uitgeven van het boek. Bovendien realiseerden we ons dat het nu gemakkelijker is om verborgen kennis (De Mystiek) een bruikbare vorm te geven.

Overzicht van de Kaarten

De 12 Fundamentele Energieën

De componenten voor manifestatie.

De Richtingen

De vier perspectieven:

Noord: Het wijze overzicht.
Ik neem afstand en zie alles wat nodig is.

Zuid: De details vanuit een onschuldig perspectief.
Ik zie, zonder voorbehoud, alles wat ik nodig heb.

West: De actieve beweging.
Ik ga verder met moed en vertrouwen.

Oost: De uiteindelijke vorm.
Ik ben tevreden met dat wat ik heb bereikt.

De Elementen

De vier ingrediënten:

Lucht: Het creëren van de ruimte.
Ik heb de ruimte voor alles wat belangrijk voor me is.

Vuur: Het creëren van beweging.
Ik ga verder met wat voor mij van waarde is.

Water: Bijeen brengen.
Ik schep door de wereld om mij heen vorm te geven.

Aarde: Het creëren van de soliditeit.
Ik heb dat wat ik nodig heb al in mijn leven.

De Winden

De vier bewegingen:

Noordenwind: De pauze om op te nemen wat nodig is.
Ik accepteer dat ik compleet ben.

Zuidenwind: Het actieve leren vanuit onschuld.
Ik heb alle kennis die nodig is al in mij.

Westenwind: Stimulatie tot beweging.
Ik heb de moed om in het onbekende te duiken.

Oostenwind: Bewustwording over de toekomst.
Ik ben in balans en klaar voor mijn toekomst.

De 12 Wijsheidsenergieën

De twaalf stadia van wijsheid.

12 - Nieuw Begin: Het nieuwe ontluikt.
Ik ben bereid om zonder voorbehoud iets nieuws te scheppen.

1 - Onderbewustzijn: Binnenin verborgen.
Ik weet dat ik alles weet wat ik moet weten.

2 - Samensmelting: Bij elkaar brengen.
Ik sta open voor nieuwe samenwerkingsverbanden en nieuwe creaties.

3 - Fundament: Basis voor begrip.
Ik heb alle kennis die nodig is om mijn potentieel te gebruiken.

4 - Verheffing: Het zoeken naar grotere betekenis.
Ik laat mijn vooroordelen varen zodat wijsheid aan het licht kan komen.

5 - Aansporing: De aanzet om te beginnen.
Ik zet de volgende stap zonder enig voorbehoud.

6. - Manifestatie: Dat wat nog vaag is vorm geven.
Ik ben bereid de oplossing te aanvaarden.

7 - Waarheid in beweging: De veranderende waarheid.
Ik ben bevrijd van oude zienswijzen en ik vind een nieuwe waarheid.

8 - Tegenovergestelden: De andere kant.
Ik ben bereid om de andere kant te zien en me er zelfs mee te vereenzelvigen.

9 - Uitbreiding: Productieve groei.
Ik heb geen beperkingen die me aan het verleden binden.

10 - Volbrengen: Accepteer het potentieel.
Ik ben de schepping en ik schep.

11 - Mystiek: Doordring de sluier.
Ik ben alziend en ik weet.

De 12 Energieën van de Lemniscaat

De stappen van manifestatie.

1 - Dageraad: Leven is aanwezig.
Ik zie het Universum in alles om mij heen.

2 - Ontwaken: Het leven roert zich.
Ik ben bewust en ik heb potentieel.

3 - Begroeting: Herken het leven.
Ik begroet mijn potentieel.

4. - Vragen: Beweging naar actie.
Ik sta mijzelf toe mijn potentieel vrij te laten komen.

5 - Reflectie: Een antwoord op de beweging.
Ik bepaal en accepteer mijn unieke identiteit.

6 - Lanceren: Het besluit te gaan manifesteren.
Zonder enig voorbehoud ga ik voort.

7 - Loslaten & Acceptatie: Het loslaten van concepten.
Ik laat alles los dat mij ervan weerhoudt mijn grootste doel te bereiken.

8 - Energie van Manifestatie: Het antwoord van het Universum.
Ik ga verder en ik accepteer mijn kracht om te manifesteren.

9 - Fundament: De ingrediënten voor het manifesteren.
Ik verzamel alles wat ik nodig heb voor mijn grootste manifestatie.

10 - Het Begin: De beweging van manifestatie.
Ik neem stappen om dat te manifesteren wat ik nodig heb.

11 - Manifestatie: Het manifesteren vindt plaats.
Ik manifesteer dat wat ik nodig heb.

12 - Soliditeit: Het resultaat van de manifestatie.
Ik ben tevreden met wat ik gemanifesteerd heb.

De 12 Ontvangstpunten

Waar de energie wordt bewaard.

Internalisatie - De aanwijsbare feiten.

Fysiek: Hoe het eruit ziet.

Ik ben die ik ben.

Mentaal: De waarden.

Ik herken mijn waarden.

Spiritueel: De ware identiteit.

Ik ben één met mijn doel.

Integratie - De feiten harmoniëren.

Spiritueel: Identiteit van de omgeving.

Ik ben één met mijn omgeving.

Mentaal: Perspectief tegenover behoefte.

Ik laat mijn unieke ik vrij om te scheppen.

Fysiek: De weg ligt voor mij open.

Ik ben tevreden met wie ik ben.

Interactie - De feiten worden beïnvloed.

Fysiek: Beweging naar bewustzijn.

Ik druk mijn identiteit uit door mijzelf te accepteren.

Mentaal: Het communiceren van begrip.

Mijn waarden worden niet vervormd door andermans meningen.

Spiritueel: Het doel.

Ik deel mijn kennis met anderen in wijsheid.

Verspreiding - De feiten worden gedeeld.

Spiritueel: De identiteit.

Ik stuur mijn waarden naar het Universum en krijg daar acceptatie voor terug.

Mentaal: Het waarnemen.

Ik gebruik mijn diepste wijsheid ten dienste van alles om mij heen.

Fysiek: Van een afstand bekijken.

Ik projecteer mijn identiteit en krijg daar begrip voor terug.

De Kenmerktekenenergieën

De overbruggingen tussen de fysieke en spirituele werelden.

Manifestatie: Dat wat nodig is.
Ik manifesteer.
Healing: Welzijn.
Ik ben genezen.
Vragen: Helderheid.
Ik heb het antwoord in mij.
Introspectie: De plaats van waarheid.
Ik zie, vanuit mijn diepste zelf, wie ik werkelijk ben.
Communicatie: Het overbruggen van interactie.
Ik geef en ontvang op alle niveaus.
Verjonging: Het herbouwen.
Ik ben getransformeerd en ik accepteer die transformatie.
Vrede: Chaos voorkomen.
Ik ben vrede.

De Energieën van Groei

Mijlpalen op het levenspad.

De Ingaande Trechter: Vernieuwing van buiten naar binnen.
Ik ga terug naar mijn eigen kern en verjong mijzelf.
De Uitgaande Trechter: Regeneratie van binnen naar buiten.
Ik ondersteun mijn omgeving door mijzelf totaal te accepteren.
Stapstenen: Productieve beweging.
Ik neem de volgende stap met plezier.
Het Zaad: De nieuwe kiem.
Ik ben het zaad van waaruit alles groeit.
De Brug: Het onbekende wordt overbrugd.
Ik kijk met moed naar het onbekende en stap er daarna in.

Deel V
De Energieën in Detail
De Fundamentele Energieën

NOORD

Deze acht energieën zijn altijd aanwezig, zelfs al worden ze niet erkend. De fundamentele energieën zijn iedere keer aanwezig en aan het werk, of het nu gaat om de meest eenvoudige gedachte of om het meest gecompliceerde project.

Noord geeft een overzicht van wat gemanifesteerd moet worden. Zuid geeft je de details van alles wat nodig is voor de manifestatie. West zet je in beweging om de stappen van het creëren te nemen. Oost laat je het uiteindelijke resultaat zien en gebruiken. Lucht creëert de ruimte waar de beweging van Vuur binnen kan komen. Water neemt dan deze beweging en condenseert die tot iets wat gevormd kan worden. Aarde neemt dat wat gevormd kan worden en brengt dat samen in het uiteindelijke vaststaande resultaat. Verder voorzien de winden in de 'force' die nodig is om alles in manifestatie te brengen.

Wat nu volgt is een meer gedetailleerde beschrijving van de Fundamentele Energieën.

De Richtingen

De Richtingen zorgen voor de perspectieven die nodig zijn om te zien en te begrijpen wat het is dat gemanifesteerd gaat worden.

Noord

Het wijze overzicht.

Mentaal: Noord is de energie die je het bos laat zien zonder de noodzaak om iedere afzonderlijke boom te bekijken. Het brengt het overzicht in focus, in plaats van de details. Het is alsof je boven het onderwerp staat en er op neerkijkt. Noord laat je alles zien wat is verbonden met het onderwerp en wat erbij komt kijken. Het is de energie van helderheid vanuit het perspectief van overzicht. Het perspectief van Noord komt voort uit pure wijsheid. Het is een vrije keus om dit perspectief ook wijs te gebruiken.

Fysiek: Vanuit een persoonlijk standpunt toont Noord de noodzaak om niet in details te verzanden. Neem afstand en bekijk het opnieuw. Het is tijd om een nieuw pad te volgen dat minder weerstand geeft.

Spiritueel: Ik neem afstand en zie alles wat nodig is.

Zuid

De details vanuit een onschuldig perspectief.

Mentaal: Het perspectief van Zuid is rondomgaand van aard. Het laat je iedere afzonderlijke boom zien in plaats van het bos. Het is een uitzicht van 360°. Je kunt in het midden gaan staan en rondom je heen kijken zonder dat je je hoofd hoeft te draaien. Wanneer er nog meer details nodig zijn, dan laat Zuid de mate van details die je nodig hebt in focus brengen. Zo kun je alle noodzakelijke informatie krijgen. Zuid toont je alle componenten van wat het ook is dat je moet bekijken vanuit het perspectief van onschuld.

Fysiek: Van een persoonlijk standpunt toont Zuid de behoefte om te kijken naar wat je nodig hebt om vooruitgang te boeken met het project of de situatie. Het is tijd om te kijken waar je mee bezig bent en dan vooruit te gaan. Evalueer de situatie vanuit het perspectief van voortgang.

Spiritueel: Ik zie, zonder voorbehoud, alles wat ik nodig heb.

West

De actieve beweging.

Mentaal: West is een aansporende energie die zegt: "Laten we gaan beginnen". West laat je ook de beste manier zien om verder te gaan met het project en het geeft je de energie om het project af te maken. Alle stappen die nodig zijn bij het werken aan een project kunnen gezien worden met hulp van West, of dat nu gaat om het bouwen van een huis is of om het bekijken van een emotionele situatie.

Fysiek: Vanuit een persoonlijk standpunt is het perspectief van West om te stoppen met de dingen uit te stellen en aan de gang te gaan. Je hebt alles wat je nodig hebt bij de hand en uitstel zal je niet langer helpen. Het is tijd om eraan te beginnen of een bewust besluit te nemen om het niet te doen.

Spiritueel: Ik ga verder met moed en vertrouwen.

Oost

De uiteindelijke vorm.

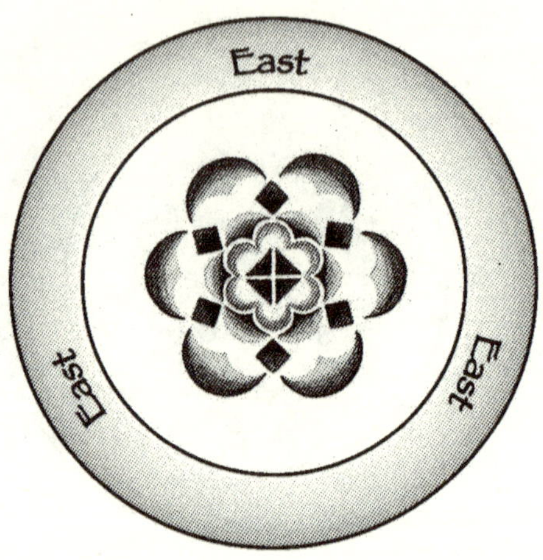

Mentaal: Oost is de energie van de voltooiing. Het laat je de uiteindelijke vorm van een fysiek project zien. Oost maakt het mogelijk dat de oplossing van een probleem of situatie gevormd wordt. Het is ook de energie die dat wat gecreëerd is samenbindt en onderhoudt. Zonder Oost zou de stoel die je zojuist hebt gebouwd instorten, of zou de balans die je in een situatie hebt gebracht onmiddellijk verdwijnen. Oost zorgt voor het perspectief dat alles bij elkaar brengt in zijn uiteindelijke vorm.

Fysiek: Vanuit een persoonlijk standpunt is het perspectief van Oost de tevredenheid over wat je hebt volbracht. Het is tijd om te stoppen met het vervolmaken en verder te gaan met een volgend project of probleem. Geef jezelf een schouderklopje omdat je het goed gedaan hebt en ga verder met je leven.

Spiritueel: Ik ben tevreden met dat wat ik heb bereikt.

De Elementen

De ingrediënten die nodig zijn voor het manifesteren.

Lucht

Het creëren van de ruimte.

Mentaal: De lichtste van de elementen, Lucht, is de energie die de ruimte creëert waarbinnen manifestatie kan plaatsvinden. Het is een zich uitbreidende energie. In zijn etherische vorm heeft Lucht geen beweging, het heeft de mogelijkheid een arena te creëren waar al het andere in kan plaatsvinden. Lucht wordt vertegenwoordigd door het hartchakra en door de tastzin. Het heeft de mogelijkheid om alles aan te raken en om aangeraakt te worden. Lucht creëert de ruimte en daarmee de mogelijkheid om alles wat die ruimte binnenkomt te gebruiken. Wanneer je Lucht tot stand brengt, creëer je ruimte.

Fysiek: Vanuit een persoonlijk standpunt toont Lucht de behoefte een nieuwe ruimte of arena te creëren voor nieuwe ideeën en nieuwe inzichten. Neem je huidige positie en laat die uitgroeien tot iets nieuws.

Spiritueel: Ik heb de ruimte voor alles wat belangrijk voor me is.

Vuur

Het creëren van beweging.

Mentaal: De actieve beweging van Vuur brengt alle benodigdheden voor de manifestatie in de door Lucht gecreëerde arena. Het is een snelle beweging die alles kan beroeren en mengen. Vuur wordt vertegenwoordigd door het zonnevlecht chakra. Het heeft het vermogen om door inzicht het ware doel van de manifestatie te tonen. De niet persoonlijke energie van Vuur zorgt er altijd voor dat de juiste ingrediënten voor de manifestatie aanwezig zijn. De manifestatie is nog niet gereed maar de benodigde energieën zijn in beweging en klaar om gebruikt te worden.

Fysiek: Vanuit een persoonlijk standpunt is Vuur een beweging. Het is tijd om alles op te poken en nieuwe ingrediënten toe te voegen aan oude ideeën. Het is tijd om de dingen op te schudden en dan verder te gaan.

Spiritueel: Ik ga verder met dat wat voor mij van waarde is.

Water

Bijeen brengen.

Mentaal: Water neemt datgene wat in beweging is gebracht en condenseert dat tot iets dat gevormd kan worden. Dat wat door Vuur is binnengebracht en in beweging is gezet wordt door Water bijeen gebracht zodanig dat het een solide vorm kan aannemen. Water geeft het geen vastigheid, maar maakt het vloeibaar zodat het vaste vorm kan krijgen. Water wordt vertegenwoordigd door het sacrale chakra. Het heeft het vermogen om te creëren.

Fysiek: Vanuit een persoonlijk standpunt zegt Water dat het tijd is om dat wat je hebt te gaan gebruiken. Alles staat klaar om naar een nieuw niveau gebracht te worden en om op een nieuwe manier gebruikt te worden. Er is licht aan het einde van de tunnel, en als je kijkt kun je dat zien.

Spiritueel: Ik schep door de wereld om mij heen vorm te geven.

Aarde

Het creëren van de soliditeit.

Mentaal: Aarde neemt datgene dat vorm kan krijgen en geeft het zijn uiteindelijke fysieke vorm. Vervolgens geeft het de benodigde energie voor het in stand houden van deze uiteindelijke vorm. Het maakt voor Aarde niet uit of de uiteindelijke vorm een gedachte, een houding of een solide voorwerp betreft. Het brengt het eenvoudigweg in een vorm die mentaal, emotioneel of fysiek gevoeld of aangeraakt kan worden. Aarde wordt vertegenwoordigd door het stuitchakra. Het zorgt voor de vitaliteit die de dingen levend houdt, hetzij in gedachten hetzij in de fysieke wereld.

Fysiek: Vanuit een persoonlijk standpunt geeft Aarde tevredenheid. Het is tijd om te zien dat je schepping waardevol is en om je daar goed over te voelen. Neem wat je hebt en gebruik het met zorg en liefde.

Spiritueel: Ik heb dat wat ik nodig heb al in mijn leven.

De Vier Winden
De bewegingen die nodig zijn voor het manifesteren.

Noordenwind

De pauze om op te nemen wat nodig is.

Mentaal: De noordelijke richting geeft een overzichtsperspectief. Nu je een helder inzicht hebt in wat je wilt bereiken, zorgt de Noordenwind, de beweging van het perspectief van Noord, voor de aanzet om te gaan kijken naar wat daarvoor moet gebeuren. De Noordenwind is het actief bekijken van wat volbracht gaat worden. Het is de pauze waarin je besluit verder te gaan met het manifesteren of het proces te onderbreken.

Fysiek: Vanuit een persoonlijk standpunt is de Noordenwind een pelgrimstocht. Het raadt aan om het wereldse achter je te laten om een nieuw, duidelijk idee te ontvangen. Dit betekent niet noodzakelijkerwijs een fysieke trip, maar het geeft aan dat je een 'time out' nodig hebt van alle toestanden in je dagelijkse leven. Je hebt een uur, een dag, of misschien een vakantie nodig. Neem de tijd om na te denken over je leven en over dat wat echt waarde voor je heeft.

Spiritueel: Ik accepteer dat ik compleet ben.

Zuidenwind

Het actieve leren vanuit onschuld.

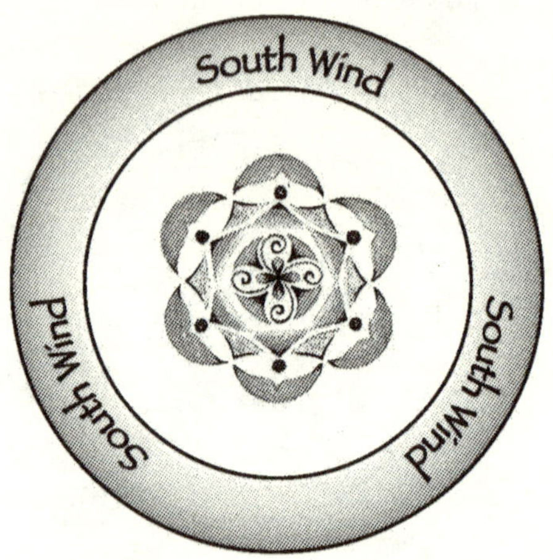

Mentaal: De zuidelijke richting toont het gedetailleerde perspectief. De beweging van dat perspectief is de Zuidenwind. De Zuidenwind begint actief onderzoek naar dat wat nodig is voor het volbrengen van de taak. Dat onderzoek heeft niets te maken met bibliotheken, etc. Het onderzoek speelt zich af in je onderbewustzijn en alleen de eigen individuele ervaringen worden erbij betrokken. Echter, zonder de ballast van negativiteit. De onschuld van de Zuidenwind laat ieder proces op de weg van manifestatie met een frisse start beginnen, onafhankelijk van de hoeveelheid werk die er nog gedaan moet worden.

Fysiek: Vanuit een persoonlijk standpunt betekent de Zuidenwind het actief verzamelen van alle feiten, situaties en details die te maken hebben met het project of de vraag waarmee je aan het werk bent. Het is tijd om actief te gaan onderzoeken en plannen te maken voor wat er nog moet gebeuren. Bekijk daarbij alle details en mogelijkheden.

Spiritueel: Ik heb alle kennis die nodig is al in mij.

Westenwind

Stimulatie tot beweging.

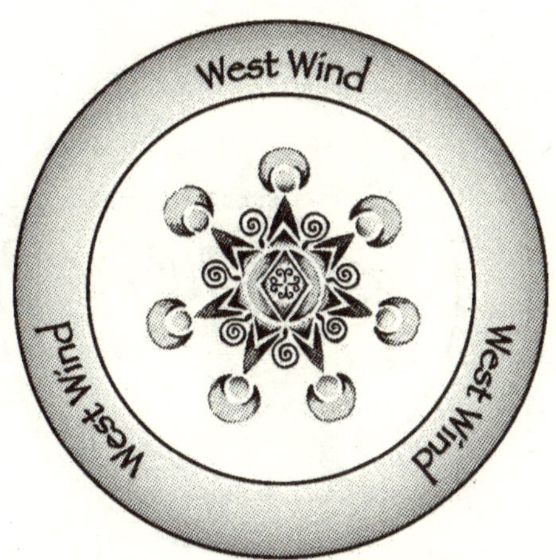

Mentaal: De westelijke richting zorgt voor de moedige aanzet tot al het werk dat nodig is voor het manifesteren. De Westenwind zorgt voor de energie die nodig is om het werk te volbrengen. Bovendien creëert de Westenwind een vlaag van moed en vasthoudendheid die nodig is om het project af te maken. Door de aanzet, de moed en de vasthoudendheid die door de Westenwind worden gecreëerd, wordt het succesvol afmaken van ieder project mogelijk.

Fysiek: Vanuit een persoonlijk standpunt zegt de Westenwind: "Doe Het!". Het is nu de tijd om op te staan en aan het werk te gaan. Alles staat klaar voor een succesvol resultaat. Alleen gebrek aan toewijding kan je er nog vanaf houden.

Spiritueel: Ik heb de moed om het onbekende in te duiken.

Oostenwind

Bewustwording over de toekomst.

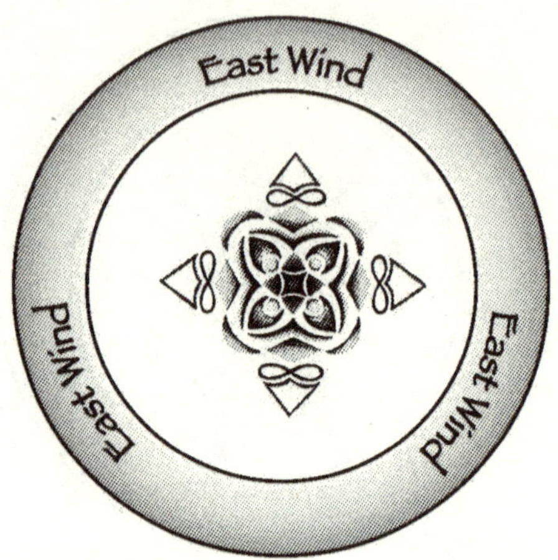

Mentaal: De oostelijke richting geeft het perspectief van voltooiing en het onderhoud van dat wat gemanifesteerd is. De Oostenwind neemt dat wat gemanifesteerd is en brengt het in gereedheid voor de volgende stap, wat die stap dan ook moge zijn. De Oostenwind creëert een ongemakkelijk gevoel dat zegt dat er iets moet gebeuren. Het is de energie die tegen zelfvoldaanheid beschermt. Het is een zachtmoedige beweging die zegt, OK dit hebben we nu gedaan, wat gaan we nu doen?

Fysiek: Vanuit een persoonlijk standpunt geeft de Oostenwind voltooiing. Het is tijd om het oude te beëindigen en verder te gaan met het volgende op je pad. Dat betekent niet dat je het oude project helemaal loslaat, want je wilt het onderhouden. Het is echter tijd om te erkennen dat het werk is gedaan en dat het project af is.

Spiritueel: Ik ben in balans en klaar voor mijn toekomst.

De Wijsheidsenergieën

De wijsheidskaarten bestaan uit twaalf unieke energieën die twaalf verschillende arena's representeren die, op hun beurt, ieder type interactie helder houden.

De twaalf energieën van de cirkel van wijsheid zijn: Nieuw Begin, Onderbewustzijn, Samensmelting, Fundament, Verheffing, Aansporing, Manifestatie, Waarheid in Beweging, Tegenovergestelden, Uitbreiding, Volbrengen en Mystiek.

De wijsheidsenergieën worden geplaatst zoals hier is weergegeven:

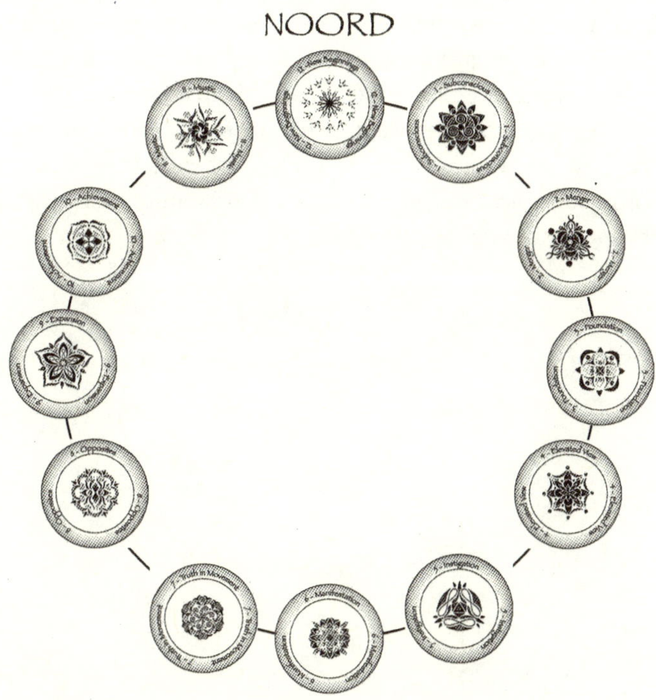

Dit zijn de pure energieën en niet hun fysieke representatie. Bijvoorbeeld, de Mystiek vertegenwoordigt de energie die mystiek is en niet de mystieke persoon of de persoon die de mystieke energie gebruikt. Met andere woorden, ieder van de twaalf energieën geeft een uniek aspect van het zuivere universele bewustzijn weer.

De wijsheidsenergieën creëren helderheid door de universele energie te bewegen op een manier die fysiek of emotioneel gevoeld kan worden. Zij moduleren de energieën zodanig dat zowel het klaarblijkelijke als het verborgen doel van de vraag geïdentificeerd worden. De informatie wordt zodanig gepresenteerd dat deze begrepen kan worden door de persoon die het antwoord op de vraag nodig heeft. De wijsheidsenergieën geven wijze en directe begeleiding op je pad van persoonlijke ontwikkeling.

Wat nu volgt is de gedetailleerde beschrijving van de twaalf wijsheids energieën zoals die zijn weergegeven op de kaarten. Bedenk dat deze energieën de arena's representeren waarbinnen het licht van wijsheid kan schijnen op iedere vraag, iedere situatie of op ieder gesteld doel. De wijsheidsenergieën creëren de ruimte en de houding waaruit het antwoord kan ontstaan. De aard van de ruimte is mentaal. De wijsheidskaarten kunnen een bron van spiritueel inzicht worden en behulpzaam zijn bij ieder aspect van groei.

12 - Nieuw Begin

Het nieuwe ontluikt.

Mentaal: De energie van Nieuw Begin is de ontluikende energie van alles wat nieuw is. Het is het symbolische lampje dat aangaat wanneer een nieuw idee of concept wordt ontdekt. Het is niet de start van een nieuw project, maar de energie van ontdekking waaruit een nieuw project kan ontstaan.

Fysiek: Vanuit een persoonlijk standpunt geeft deze energie aan dat een nieuw idee of concept niet alleen nodig is, maar ook dat dit al voor je aanwezig is. Neem de stille vreugde van het weten dat er iets nieuws te ontdekken valt in je op. Je bent moedig genoeg om het nieuwe te accepteren. Neem het mee de toekomst in.

Spiritueel: Ik ben bereid om zonder voorbehoud iets nieuws te scheppen.

1 - Onderbewustzijn
Binnenin verborgen.

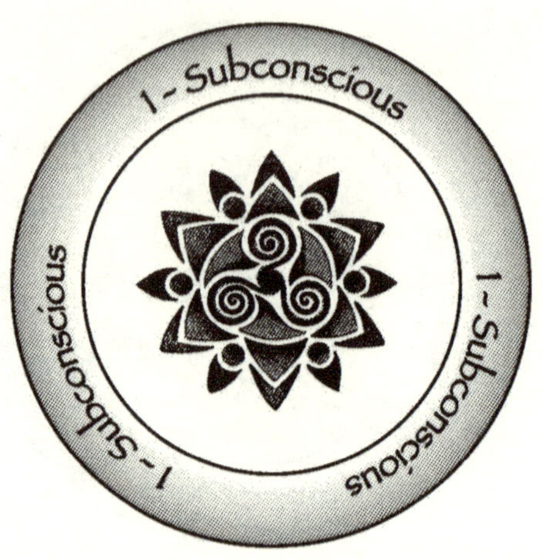

Mentaal: De energie van Onderbewustzijn is dat wat verborgen is in je gedachten. Het is het slapende weten dat iets naar de oppervlakte gebracht moet worden om het te onderzoeken. Het kan oude informatie betreffen die opnieuw gebruikt kan worden, of het kan iets zijn waarvan je niet wist dat het bestond. Het onderbewustzijn is de geheugenbank waar al je ervaringen liggen opgeslagen, ook die van vorige levens.

Fysiek: Vanuit een persoonlijk standpunt betekent deze energie dat je verborgen informatie hebt die gereed is om aan het licht te komen. Weet dat de informatie je helpt het proces waar je doorheen gaat beter te begrijpen. De informatie is er om pijn te elimineren - niet om pijn te veroorzaken.

Spiritueel: Ik weet dat ik alles weet dat ik moet weten.

2 - Samensmelting

Bij elkaar brengen.

Mentaal: De energie van Samensmelting laat twee afzonderlijke dingen samenvloeien tot één. Het kan gaan om twee verschillende ideeën of standpunten, of zelfs om verschillende houdingen. Het is niet de energie van een compromis. Het is de energie van een hogere gedachte die je de overeenstemming laat zien. Balans wordt bereikt wanneer de hoogste vorm van twee standpunten samensmelt.

Fysiek: Vanuit een persoonlijk standpunt betekent deze energie dat het tijd is om die dingen samen te brengen waarvan je denkt dat ze niet bij elkaar horen. De eerste stap van genezing, of manifestatie, is het herkennen dat er overeenstemming is tussen het doel en het resultaat. De energie van Samensmelting zorgt voor het accepteren van deze overeenstemming.

Spiritueel: Ik sta open voor nieuwe samenwerkingsverbanden en nieuwe creaties.

3 - Fundament

Basis voor begrip.

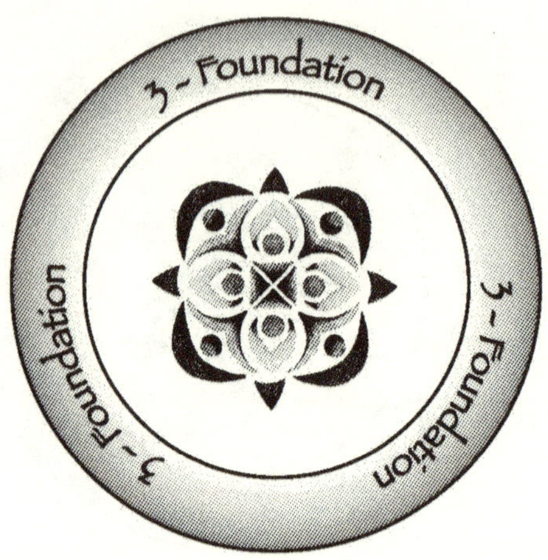

Mentaal: De energie van Fundament voorziet in de benodigde basis om iets nieuws voort te laten komen vanuit iets ouds. Het kunnen de ingrediënten voor manifestatie zijn of het comfortabele gevoel wanneer je een goede beslissing hebt genomen. Het is dat wat je het gevoel geeft dat je op een solide ondergrond staat en alles hebt wat nodig is om iets nieuws te bouwen vanuit het oude. Het is een verzorgende energie die je op kunt roepen wanneer dingen onzeker zijn.

Fysiek: Vanuit een persoonlijk standpunt betekent deze energie dat het beginnen van een nieuw project binnen je vermogen ligt. Je bent er klaar voor. Alle benodigdheden zijn binnen je bereik. Deze energie voedt je in onzekere tijden en bouwt de toewijding op die nodig is om het project af te maken.

Spiritueel: Ik heb alle kennis die nodig is om mijn potentieel te gebruiken.

4 - Verheffing

Het zoeken naar grotere betekenis.

Mentaal: De energie van Verheffing is een mentale energie die je het hele plaatje laat zien. Het geeft je een kijk op de zaken die de logica te boven gaat en voortkomt uit je hoogste zelf. Het plaatst je in een perspectief dat boven het ego uitstijgt terwijl het je toch de praktische kanten laat zien. De energie van verheffing overbrugt het spirituele en het fysieke op een bruikbare manier.

Fysiek: Vanuit een persoonlijk standpunt betekent deze energie dat het tijd is om oude concepten los te laten. Het is nodig het ware plaatje te zien, zodat je het in je dagelijks leven toe kunt passen. De energie van Verheffing geeft een vreugde die menselijke gevoelens overstijgt terwijl het je toch niet van je dagelijkse taken afhoudt.

Spiritueel: Ik laat mijn vooroordelen varen zodat wijsheid aan het licht kan komen.

5 - Aansporing

De aanzet om te beginnen.

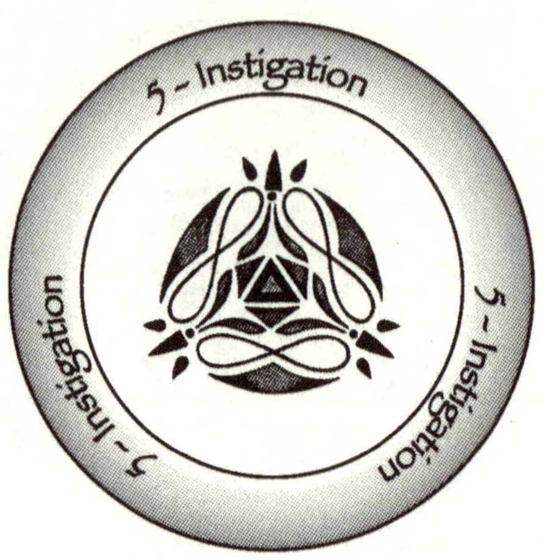

Mentaal: De energie van Aansporing zegt dat er iets gedaan moet worden en het is tijd om daarmee te beginnen. Het is de aanzet die maakt dat je in beweging komt. Het is niet de energie van beweging, het is het duwtje achter die beweging. De energie van Aansporing laat je voorbereid verder gaan met je leven. Het creëert ook de heldere ruimte waar moed en vertrouwen te vinden zijn.

Fysiek: Vanuit een persoonlijk standpunt betekent deze energie dat het tijd is voor beweging. Je moet zelf het initiatief nemen om te beginnen en nu is het de tijd om dat te doen. Het is jouw keus om in beweging te komen of niet. Hoewel dit een actieve energie is geeft het eerder een zacht duwtje in je rug dan dat het van je eist dat je iets doet.

Spiritueel: Ik zet de volgende stap zonder enig voorbehoud.

6 - Manifestatie

Dat wat nog vaag is vorm geven.

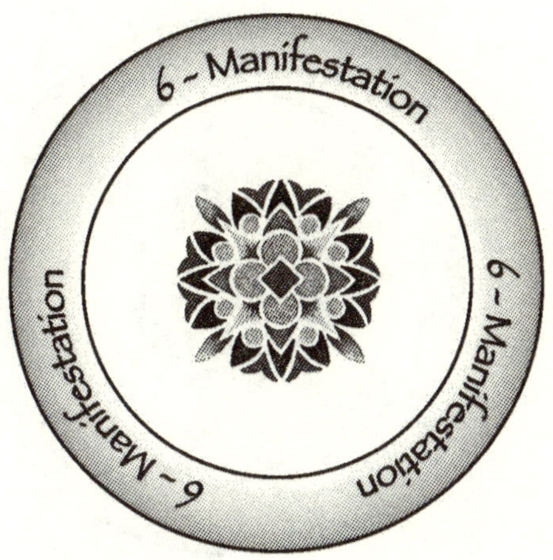

Mentaal: De energie van Manifestatie is een energie die een gedachte of project verankert en gaande houdt tot aan de completering. Het is niet de energie van werk, maar het is de aanhoudende energie die ervoor zorgt dat het werk gedaan wordt. Het houdt de focus die nodig is om de creatieve beweging tot een goed einde te brengen scherp.

Fysiek: Vanuit een persoonlijk standpunt betekent de energie van Manifestatie dat een project bijna af is of dat de oplossing nabij is. Nu is het niet de tijd om een project op te geven, het is eerder het moment om het tot een goed einde te brengen. Alles is gereed voor de completering, alleen jouw actie is nog nodig. Het is nu de tijd om er niet langer over na te denken maar om het gewoon te gaan doen.

Spiritueel: Ik ben bereid de oplossing te aanvaarden.

7 - Waarheid in Beweging

De veranderende waarheid.

Mentaal: De energie van Waarheid in Beweging is de energie die het mogelijk maakt om van mening te veranderen. Het is niet de nieuwe mening maar het geeft een nieuwe kijk op een oude situatie. Dit is de energie die de arena creëert voor een nieuw perspectief zodat de stagnatie doorbroken kan worden. Het is de energie die het mogelijk maakt dat een oud perspectief uitgroeit tot een nieuw idee.

Fysiek: Vanuit een persoonlijk standpunt betekent Waarheid in Beweging dat de oude concepten je niet langer dienen. Het is tijd om van mening te veranderen. Het is tijd om open te staan voor nieuwe ideeën en het verleden achter je te laten. Maak je geen zorgen over de gevolgen van de verandering. De Waarheid komt vanuit je hoogste zelf en weet altijd wat het beste is.

Spiritueel: Ik ben bevrijd van oude zienswijzen en ik vind een nieuwe waarheid.

8 - Tegenovergestelden
De andere kant.

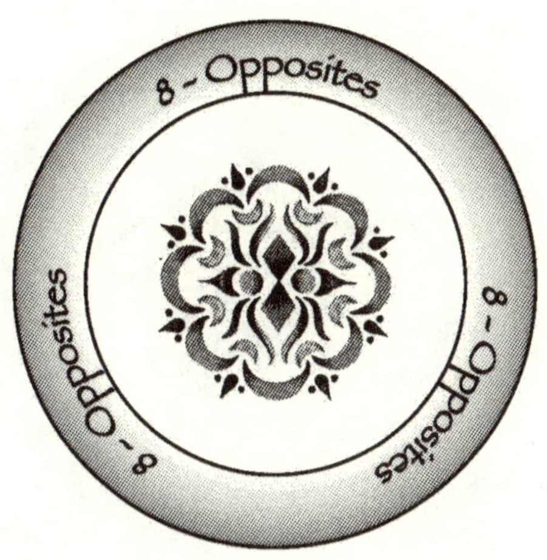

Mentaal: De energie van Tegenovergestelden is de energie die het mogelijk maakt dat de andere kant gezien wordt. Het manifesteert het tegenovergestelde niet, maar zorgt voor de energie die het mogelijk maakt het tegenovergestelde te zien en te accepteren. Het is door middel van de polariteiten dat de balans gevonden kan worden. Dit is een energie die met alle polariteiten werkt, of dat nu is tussen de spirituele en de fysieke werelden of tussen twee verschillende geloofssystemen.

Fysiek: Vanuit een persoonlijk standpunt betekent de energie van Tegenovergestelden dat naar beide kanten van de situatie gekeken dient te worden. Het is niet productief om op dezelfde manier te blijven denken. Nu is het de juiste tijd om een ander perspectief te zien. Of je dan dat andere perspectief gaat volgen is je eigen vrije keuze. Wanneer de oude zienswijze niet langer productief is, dan is verandering noodzaak.

Spiritueel: Ik ben bereid de andere kant te zien en me er zelfs mee te vereenzelvigen.

9 - Uitbreiding

Productieve groei.

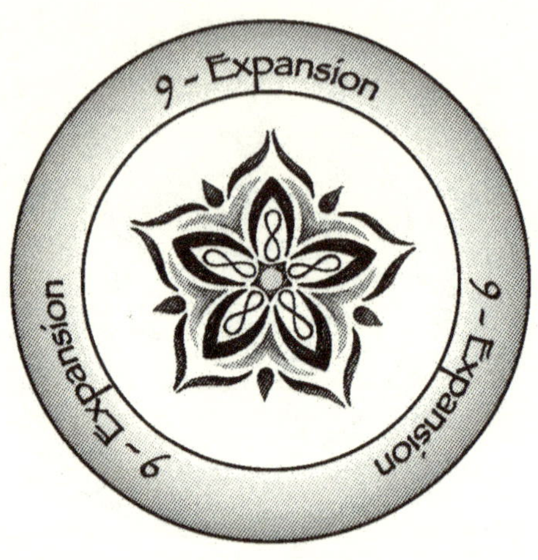

Mentaal: De energie van Uitbreiding laat de huidige conditie verder uitgroeien dan de tot nu toe bekende mogelijkheden. Een nieuwe ruimte, die je in staat stelt een groter potentieel te zien, wordt gecreëerd. Uitbreiding zorgt voor de houding die nodig is om nieuwe ideeën en perspectieven in focus te brengen. Het gooit het oude niet weg, maar het voorziet in een energie die het oude voortstuwt naar een nieuw perspectief en een nieuw potentieel. Het verleden maakt plaats voor een zich steeds uitbreidende toekomst. Met het accepteren van Uitbreiding kan alles wat je wilt gemanifesteerd worden.

Fysiek: Vanuit een persoonlijk stanpunt betekent de energie van Uitbreiding dat het tijd is om oude concepten achter je te laten. Het is tijd om uit het oude iets nieuws te laten groeien dat je beter van dienst is; nu en in de zich ontvouwende toekomst. Zelfs die dingen die je nu helpen kunnen zich uitbreiden naar iets wat je nog beter kan helpen. Het is tijd om los te laten en naar de toekomst te kijken.

Spiritueel: Ik heb geen beperkingen die me aan het verleden binden.

10 - Volbrengen

Accepteer het potentieel.

Mentaal: De energie van Volbrengen creëert een energie die vorm geeft aan vage concepten zodat deze mentaal of fysiek aangeraakt kunnen worden. Het is de energie die je laat zien wat er nodig is om het creatieve proces te laten plaatsvinden. De energie van Volbrengen vormt een arena waarin het onbekende binnen kan komen.

Fysiek: Vanuit een persoonlijk standpunt betekent de energie van Volbrengen dat het tijd is om te creëren, zelfs wanneer je niet zeker weet hoe je ermee moet beginnen. Het is tijd voor het Universum om het je te laten zien. Laat zelfvertrouwen groeien vanuit onzekerheid en breng meer vreugde en welvaart in je leven. Zoals al het geval was met de alchemisten van vroeger, komen de ingrediënten om te manifesteren wat je nodig hebt uit de meest onvermoede plaatsen. Sta ervoor open en laat het nieuwe binnen in je leven.

Spiritueel: Ik ben de schepping en ik schep.

11 - Mystiek

Doordring de sluier.

Mentaal: De energie van Mystiek creëert de ruimte waarin de magiër naar voren kan komen. Het is niet de fysieke magiër, maar de energie van de magiër. Mystiek laat je door de mistige sluier heen kijken, het is een ruimte die helder inzicht geeft. De mystieke ruimte kent geen grenzen. Het laat alles zien zodat het naar een meer praktisch en bruikbaar niveau gebracht kan worden. De mystieke lens laat je zonder angst de kern van de zaak zien.

Fysiek: Vanuit een persoonlijk standpunt betekent de energie van Mystiek dat het tijd is om dat wat tot nu toe onbekend was te zien en te ervaren. Het is tijd om meer helderheid in je leven te brengen. Dat wat je vroeger bang maakte hoeft geen macht meer over je te hebben.

Spiritueel: Ik ben alziend en ik weet.

De Energieën van de Lemniscaat

De geometrische vorm van de lemniscaat vertegenwoordigt een energiebeweging waarlangs het manifesteren plaatsvindt. De lemniscaat heeft twaalf energieën die de twaalf stappen van manifestatie vertegenwoordigen. De energie van de lemniscaat stroomt in een ontvankelijke beweging, tegen de klok in, naar het zuiden. De energiebeweging gaat dan verder in een actieve richting, met de klok mee, in de noordelijke lus.

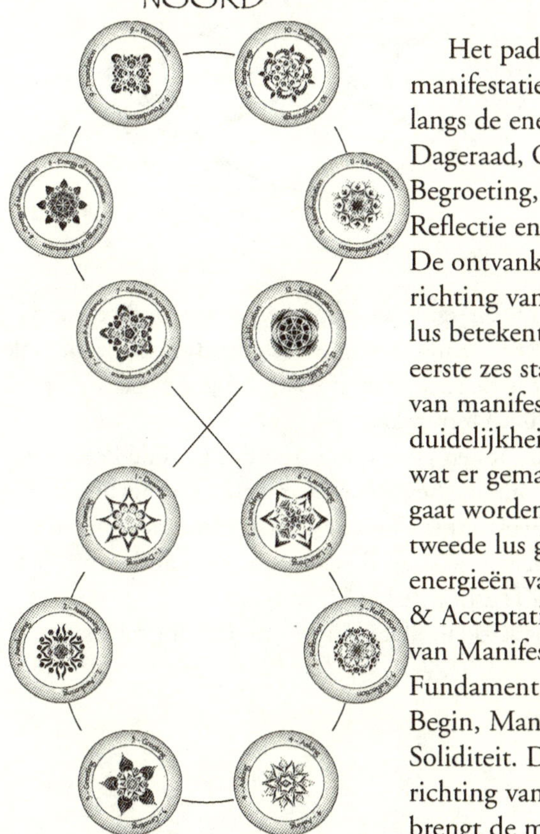

Het pad van manifestatie begint langs de energieën van Dageraad, Ontwaken, Begroeting, Vragen, Reflectie en Lanceren. De ontvankelijke richting van deze lus betekent dat de eerste zes stappen van manifestatie duidelijkheid geven over wat er gemanifesteerd gaat worden. De tweede lus gaat langs de energieën van Loslaten & Acceptatie, Energie van Manifestatie, Fundament, Het Begin, Manifestatie en Soliditeit. De actieve richting van deze lus brengt de manifestatie in een vorm die aangeraakt kan worden.

Op de volgende bladzijden volgt een gedetailleerde beschrijving van de energieën van de lemniscaat.

1 - Dageraad

Leven is aanwezig.

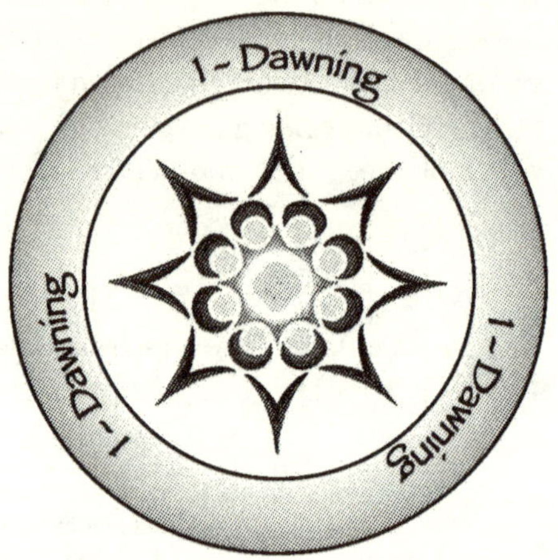

Mentaal: De energie van Dageraad is een vredige energie zoals die bestaat bij zonsopgang. Er is geen fysieke of mentale beweging. Het is de staat van zijn waarbij je één bent met jezelf, binnen het Universum.

Fysiek: Vanuit een persoonlijk standpunt is de betekenis van Dageraad om alle beweging los te laten en toevlucht te zoeken in je meest innerlijke zelf. Het is tijd om voor een moment te ontsnappen aan de complexe toestanden van het bestaan en één te zijn met het Universum.

Spiritueel: Ik zie het Universum in alles om mij heen.

2 - Ontwaken

Het leven roert zich.

Mentaal: De energie van Ontwaken is de eerste beweging van leven en gedachten. Het is geen actieve energie of beweging. Het is dat moment waarop er herkenning is van het leven en dat je leeft. Ontwaken creëert een arena die je in staat stelt het doel in je bestaan te herkennen, terwijl er nog geen noodzaak is om daarop te reageren of actie te ondernemen.

Fysiek: Vanuit een persoonlijk standpunt vertelt Ontwaken dat het nodig is je bewust te zijn van je potentieel. Het is nog niet de tijd er iets mee te doen, maar het is tijd om het potentieel dat deel uitmaakt van je ziel te laten ontwaken. Het is een gevoel diep in jezelf, zonder de behoefte daarop te reageren.

Spiritueel: Ik ben bewust en ik heb potentieel.

3 - Begroeting
Herken het leven.

Mentaal: De energie van Begroeting is een herkenning van leven. Het zegt dat er om je heen leven is dat je ondersteunt. Het is nodig dat te erkennen. Het is het 'Hallo' of het schudden van handen wanneer vrienden elkaar ontmoeten. Het woord 'namaste' uit het sanskriet beschrijft die begroeting: "De God in mij begroet de God in jou en samen zijn wij één". Begroeting creëert een eenheid tussen jou en alle dingen om je heen. Deze eenheid heeft geen hierarchie; alle dingen zijn gelijkwaardig.

Fysiek: Vanuit een persoonlijk standpunt zegt Begroeting het ego los te laten en om je heen te kijken voor hulp of invloed. Het is tijd om een houding aan te nemen van gelijkwaardigheid. Het is tijd om vrienden te zijn met jezelf.

Spiritueel: Ik begroet mijn potentieel.

4 - Vragen

Beweging naar actie.

Mentaal: De energie van Vragen is de eerste beweging naar het ondernemen van actie. Vragen zegt: "Is het tijd om verder te gaan?". En het antwoord is altijd: "Ja". Het is de interactie die de toestemming geeft om verder te gaan.

Fysiek: Vanuit een persoonlijk standpunt betekent Vragen dat het tijd is om een besluit te nemen. Verder gaan is een vrije keuze, maar het Universum is gereed voor beweging. Het is aan jou om te besluiten verder te gaan.

Spiritueel: Ik sta mijzelf toe mijn potentieel vrij te laten komen.

5 - Reflectie

Een antwoord op de beweging.

Mentaal: De energie van Reflectie is een antwoord op de eerste beweging. Het is de energie die de integratie van het besluit tot beweging mogelijk maakt en laat plaatsvinden. Het is een innerlijke beweging die de basis vormt van waaruit beweging naar buiten toe kan plaatsvinden.

Fysiek: Vanuit een persoonlijk standpunt geeft Reflectie je de ruimte om je op je gemak te voelen over je besluit. Het geeft je ook de mogelijkheid om je besluit te verfijnen. Voel je op je gemak met jezelf en je beslissingen. Dit is een gelegenheid om dat wat gedaan moet worden aan te passen.

Spiritueel: Ik bepaal en accepteer mijn unieke identiteit.

6 - Lanceren

Het besluit te gaan manifesteren.

Mentaal: De energie van Lanceren creëert het besluit om te manifesteren. Het is het punt waarop terugkeer niet meer mogelijk is. Het gaat nu om het implementeren van het besluit dat je hebt genomen. Wanneer het nodig is het besluit aan te passen of om te keren, is dat een beslissing die je later neemt. Dit is de energie van daden en actie wordt ondernomen.

Fysiek: Vanuit een persoonlijk standpunt geeft Lanceren je de blinde moed om door te gaan met je plan. Het plaatst je in een perspectief waar onzekerheid niet bestaat. Je bent klaar voor daden en de actie begint.

Spiritueel: Zonder enig voorbehoud ga ik voort.

7 - Loslaten & Acceptatie

Het loslaten van concepten.

Mentaal: De energie van Loslaten & Acceptatie verwijdert alle van tevoren vaststaande ideeën over hoe manifestatie gaat plaatsvinden. Het geeft je een innerlijk weten dat manifestatie mogelijk is. Oude concepten verdwijnen en nieuwe concepten worden geaccepteerd.

Fysiek: Vanuit een persoonlijk standpunt betekent Loslaten & Acceptatie dat het tijd is om je huidige idee over hoe de dingen moeten gaan los te laten en te accepteren dat het allemaal goed gaat komen. Het oude maakt plaats voor het nieuwe en je hebt de moed om daarmee verder te gaan.

Spiritueel: Ik laat alles los dat mij ervan weerhoudt mijn grootste doel te bereiken.

8 - Energie van Manifestatie

Het antwoord van het Universum.

Mentaal: De Energie van Manifestatie is het antwoord van het Universum op de acceptatie van het manifesteren. Het is niet de stap of het proces van manifestatie. Het is de energie die het manifesteren mogelijk maakt. Manifestatie staat op het punt plaats te vinden maar is nog niet in beweging gezet. Het potentieel om te manifesteren is aanwezig en staat klaar om te beginnen.

Fysiek: Vanuit een persoonlijk standpunt zegt de Energie van Manifestatie je de volgende stap te nemen. Aarzel niet want alles wat nodig is om je doel te bereiken is aanwezig. Ga je gang.

Spiritueel: Ik ga verder en ik accepteer mijn kracht om te manifesteren.

9 - Fundament

De ingrediënten voor het manifesteren.

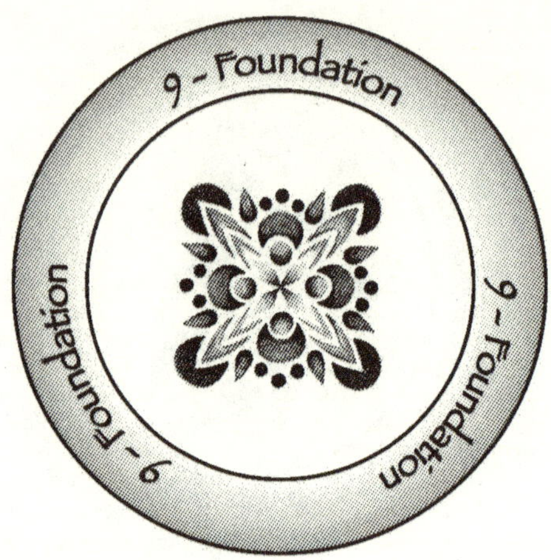

Mentaal: De energie van Fundament brengt de ingrediënten voor manifestatie het proces van het manifesteren binnen. De ingrediënten zijn nog niet vermengd of samengesteld in hun uiteindelijke vorm, maar alles is aanwezig en gereed voor de manifestatie.

Fysiek: Vanuit een persoonlijk standpunt betekent de energie van Fundament dat het goed is om verder te gaan op je huidige pad. Kijk niet om, aarzel niet, alles komt bij elkaar wanneer je het nodig hebt.

Spiritueel: Ik verzamel alles wat ik nodig heb voor mijn grootste manifestatie.

10 - Het Begin

De beweging van manifestatie.

Mentaal: De energie van Het Begin is de beweging van de ingrediënten voor manifestatie. Manifestatie staat te gebeuren. Het proces van manifestatie begint en is het resultaat van wat in beweging is gezet.

Fysiek: Vanuit een persoonlijk standpunt betekent Het Begin dat het te laat is om nu terug te keren. De wielen draaien en het resultaat zal dat brengen wat nodig is. Ontspan jezelf en observeer het proces.

Spiritueel: Ik neem stappen om dat te manifesteren wat ik nodig heb.

11 - Manifestatie

Het manifesteren vindt plaats.

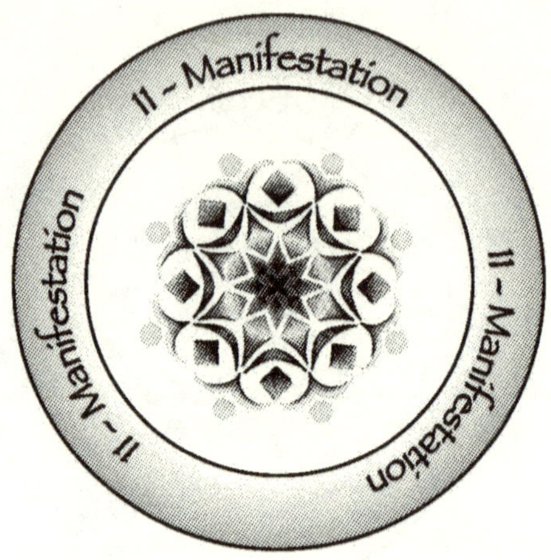

Mentaal: De energie van Manifestatie is de daad van het manifesteren. De ingrediënten komen bij elkaar en de uiteindelijke vorm wordt geproduceerd. Het Universum heeft nu de leiding en het weet hoe dit proces moet verlopen voor het beste resultaat.

Fysiek: Vanuit een persoonlijk standpunt betekent Manifestatie dat het tijd is om aan de kant te gaan en het te laten gebeuren. Laat de uitkomst los. Houd vast aan je intentie en laat je leiden door het Universum.

Spiritueel: Ik manifesteer dat wat ik nodig heb.

12 - Soliditeit

Het resultaat van de manifestatie.

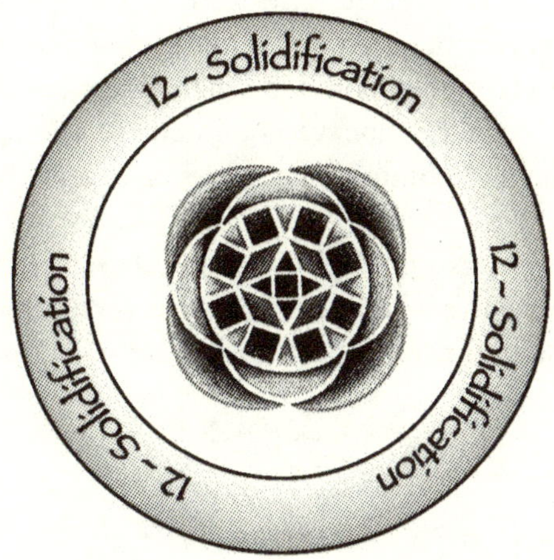

Mentaal: De energie van Soliditeit is het resultaat van de manifestatie. Het is de uiteindelijke vorm die niet langer plooibaar is door je gedachten of daden. Soliditeit is een energie van vervulling en tevredenheid, omdat het werk goed gedaan is. Het Universum is in balans.

Fysiek: Vanuit een persoonlijk standpunt zegt Soliditeit je om afstand te nemen en om te observeren wat je hebt gecreëerd. Het heeft geen persoonlijkheid die zegt dat het goed of slecht is. Het is gedaan. Wat ga je er nu verder mee doen? Er bestaan geen vergissingen, er is alleen persoonlijke groei. Neem wat je hebt en gebruik het zo goed als je kunt. Voel de vervulling van het bereiken van je doel.

Spiritueel: Ik ben tevreden met wat ik gemanifesteerd heb.

De Ontvangstpuntenergieën

Iedere vraag of situatie is gerelateerd aan hoe je op dit moment in het leven staat; je staat van zijn. De twaalf Ontvangstpunten bewaren de houdingen en feiten die met die conditie verbonden zijn. De Ontvangstpunten zijn opslagplaatsen die het doel van de interactie levend houden totdat een nieuwe conditie of situatie, een nieuw begrip, is bereikt.

Ieder Ontvangstpunt ligt in een kwadrant dat het doel van het Ontvangstpunt een scherpe focus geeft. De Ontvangstpunten zijn op de volgende wijze geplaatst:

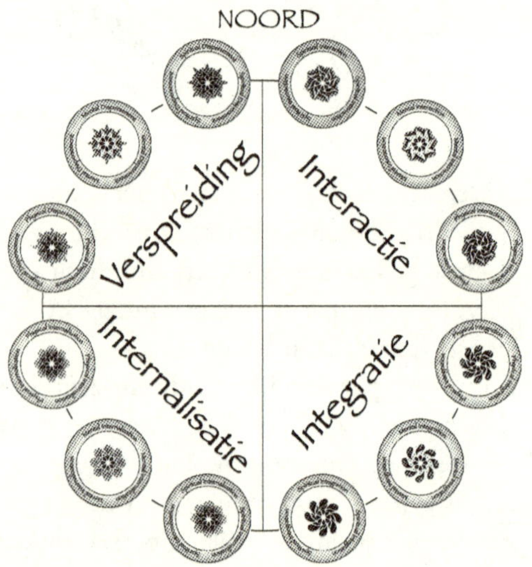

De Ontvangstpunt Energieën zijn behulpzaam bij het onder controle houden van op emoties gebaseerde houdingen, zodanig dat hiernaar gekeken kan worden zonder vooroordeel. Zij vormen ook een gebied waar alle componenten voor de oplossing van een vraag of situatie bij elkaar kunnen komen en zich met elkaar kunnen vermengen.

Het Kwadrant van Internalisatie
De aanwijsbare feiten.

Fysieke Internalisatie
Hoe het eruit ziet.

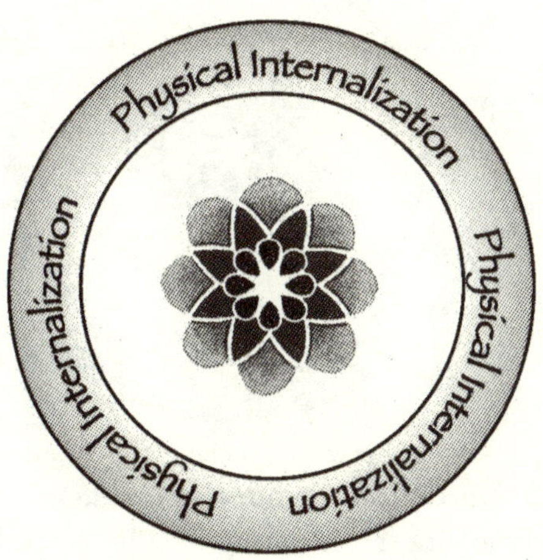

Mentaal: De manier waarop een Plaats zich presenteert naar buiten toe. Dit Ontvangstpunt bewaart hoe de Plaats er fysiek uitziet en daardoor hoe de Plaats gezien wordt door diegenen die de Plaats fysiek bezoeken en gebruiken.

Fysiek: Vanuit een persoonlijk standpunt heeft het Ontvangstpunt van Fysieke Internalisatie te maken met hoe je naar jezelf kijkt. Het betekent dat het nodig is om eens goed naar jezelf te kijken en je af te vragen of je blij bent met wat je ziet. Kijk in de spiegel en accepteer wat je ziet of neem de beslissing om te veranderen. Dat kan een eenvoudige verandering van je garderobe of van je kapsel betekenen. Of het kan een startsignaal zijn voor een complete verandering van je houding. Het is tijd om hoe je jezelf ziet in balans te brengen.

Spiritueel: Ik ben die ik ben.

Mentale Internalisatie
De waarden.

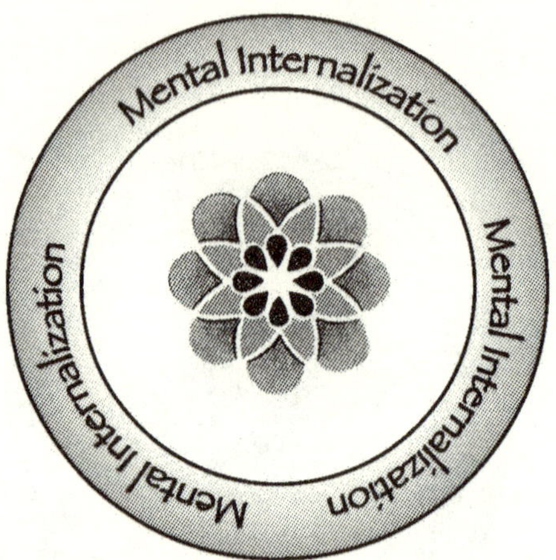

Mentaal: Dit Ontvangstpunt bewaart de waarden van de Plaats, ofwel die dingen die belangrijk zijn om de innerlijke identiteit van de Plaats te behouden. Deze innerlijke identiteit is het doel achter de geboorte van de Plaats of waaraan de Plaats is toegewijd. Dit doel evolueert naarmate de tijd verstrijkt en het perspectief evolueert.

Fysiek: Vanuit een persoonlijk standpunt zegt het Ontvangstpunt van Mentale Internalisatie aandacht te besteden aan je waarden. Het is een signaal om eens goed te kijken naar wat belangrijk voor je is en dat te evalueren of te veranderen zodat het zich kan uitbreiden. In ieder geval zegt dit Ontvangstpunt dat de dingen bekeken moeten worden vanuit een nieuw perspectief. Evalueer en ga verder zonder twijfel.

Spiritueel: Ik herken mijn waarden.

Spirituele Internalisatie

De ware identiteit.

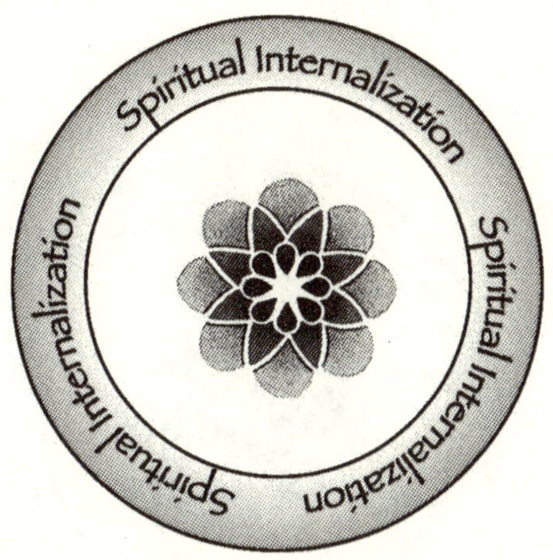

Mentaal: Dit Ontvangstpunt bewaart de universele identiteit van de Plaats zoals die werd gedefinieerd ten tijde van zijn geboorte of toewijding. Dit is de ware identiteit van de Plaats en het geeft de innerlijke energie of het gevoel van de Plaats.

Fysiek: Vanuit een persoonlijk standpunt zegt het Ontvangstpunt van Spirituele Internalisatie te kijken naar hoe je relateert aan je onmiddellijke omgeving. Kijk naar jezelf en weet dat je uniek en perfect bent. Dit is niet de tijd voor een identiteitscrisis maar voor zelfvertrouwen. Je bent op een unieke wijze gekwalificeerd om te bereiken wat je wilt, binnen de grenzen van de omgeving die je voor jezelf hebt gecreëerd.

Spiritueel: Ik ben één met mijn doel.

Het Kwadrant van Integratie
De feiten harmoniëren.

Spirituele Integratie
Identiteit van de omgeving.

Mentaal: Dit Ontvangstpunt bewaart de energie die de identiteit van de Plaats integreert met de omgeving. Het bewaart de energie van het leven en de ervaringen van de Plaats en brengt dat tot een gelijksoortig geheel.

Fysiek: Vanuit een persoonlijk standpunt heeft het Ontvangstpunt van Spirituele Integratie te maken met de relatie met je emotionele fundament. Alles om je heen is belangrijk, want het is dat wat je hebt gekozen om mee te werken voor je spirituele groei. Dat is zowel je familie als je thuis en je werkomgeving. Kijk om je heen en zie wat er bereikt kan worden. Zie wat je hebt gecreëerd.

Spiritueel: Ik ben één met mijn omgeving.

Mentale Integratie

Perspectief tegenover behoefte.

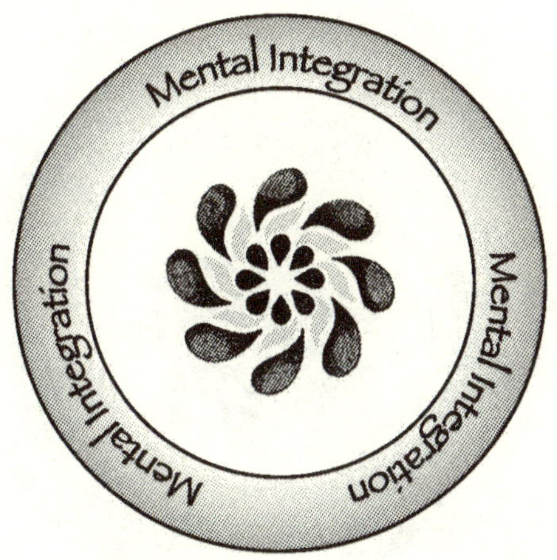

Mentaal: Dit Ontvangstpunt bewaart het samengaan van de uiterlijke waarneming en de innerlijke behoefte van de Plaats om zijn identiteit uit te drukken. Het onderhoudt een wisselwerking tussen de invloeden van buitenaf en de identiteit van de Plaats.

Fysiek: Vanuit een persoonlijk standpunt staat het Ontvangstpunt van Mentale Integratie voor de creatieve uitdrukking van je energie. Je leven is jouw creatie en het is jouw verantwoordelijkheid om het te voeden en te verzorgen. Wanneer veranderingen nodig lijken, neem dan het risico om creatief te zijn in je oplossing. Kijk naar wat belangrijk voor je is en neem dat als leidraad voor je daden.

Spiritueel: Ik laat mijn unieke ik vrij om te scheppen.

Fysieke Integratie

De weg ligt voor mij open.

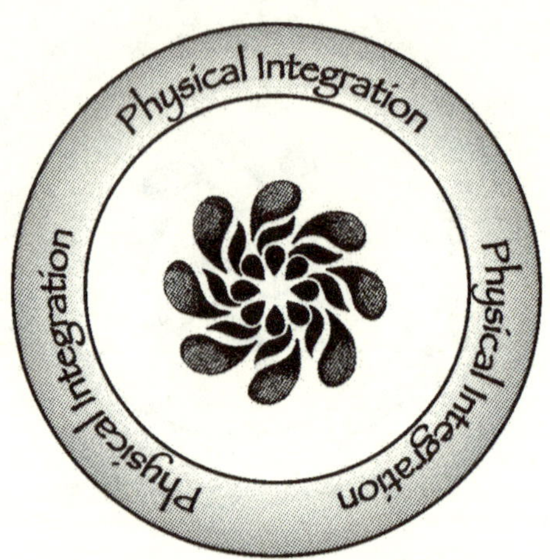

Mentaal: Dit Ontvangstpunt bewaart de fysieke paden door de Plaats. Het heeft de energie die beschermde plaatsen fysiek blokkeert voor diegenen die niet klaar zijn om daar toegang te verkijgen. Het is geen beschermende energie maar meer een energie die alles op de juiste tijd laat plaatsvinden.

Fysiek: Vanuit een persoonlijk standpunt heeft het Ontvangstpunt van Fysieke Integratie te maken met vervulling en tevredenheid. Hoe je tevredenheid vindt in je werk en door het Universum te dienen. Wanneer er geen vervulling en tevredenheid is, wees dan voorbereid op de fysieke gevolgen. Er bestaat een direct verband tussen hoe je je voelt (fysiek) en hoe gelukkig je bent.

Spiritueel: Ik ben tevreden met wie ik ben.

Het Kwadrant van Interactie
De feiten worden beïnvloed.

Fysieke Interactie
Beweging naar bewustzijn.

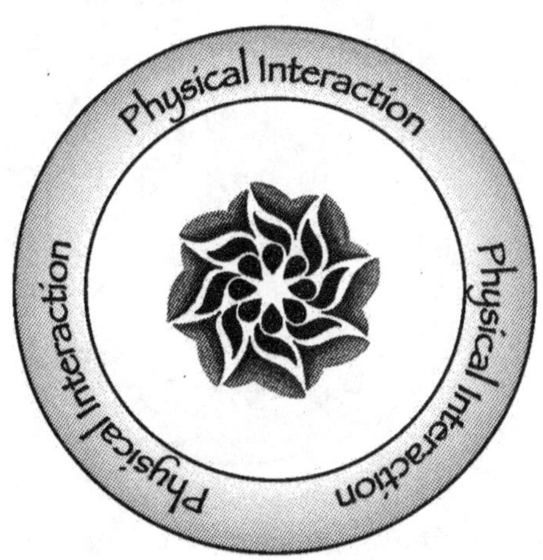

Mentaal: Dit Ontvangstpunt bewaart de energie van fysieke beweging in en rondom de Plaats. Het doet fysieke beweging bedaren op een manier die helpt het bewustzijn en de identiteit van de Plaats te vergroten, zonder de nieuwsgierigheid van de bezoeker te hinderen.

Fysiek: Vanuit een persoonlijk standpunt vertegenwoordigt het Ontvangstpunt van Fysieke Interactie de communicatie op fysiek niveau, zowel verbaal als door lichaamstaal. De interactie resulteert in een fysieke daad die te maken heeft met alles wat zich buiten jezelf bevindt. Het vertegenwoordigt de noodzaak voor interactie met een andere persoon.

Spiritueel: Ik druk mijn identiteit uit door mijzelf te accepteren.

Mentale Interactie

Het communiceren van begrip.

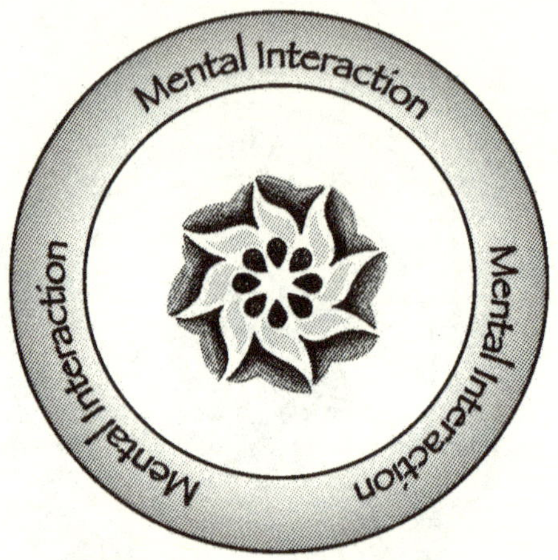

Mentaal: Dit Ontvangstpunt bewaart de gedachten die de identiteit van de Plaats en de gesteldheid van de gebruikers van de Plaats overbruggen. Dit Ontvangstpunt voorziet in een begrip dat mentale interactie plaats laat vinden. Het overbrugt begrip zodat communicatie plaats kan vinden.

Fysiek: Vanuit een persoonlijk standpunt vertegenwoordigt het Ontvangstpunt van Mentale Interactie de communicatie over hoe je denkt over je waarden. Dit kan bereikt worden door verbale communicatie over je gevoelens of je dieper liggende houdingen. Dit Ontvangstpunt heeft te maken met de noodzaak om vriendschappelijk om te gaan met alle aspecten van je leven en je omgeving.

Spiritueel: Mijn waarden worden niet vervormd door andermans meningen.

Spirituele Interactie

Het doel.

Mentaal: Dit Ontvangstpunt bewaart het doel waaraan de Plaats is toegewijd en de interactie met de intenties van de gebruikers. Dit wordt zodanig gedaan dat het doel en de identiteit van de Plaats niet onbeduidend gemaakt worden. De manier waarop de Plaats zijn identiteit deelt is zodanig dat het begrijpelijk is voor de gebruiker.

Fysiek: Vanuit een persoonlijk standpunt vertegenwoordigt het Ontvangstpunt van Spirituele Interactie alle vormen van communicatie die leiden tot groter begrip. Dat betekent zowel luisteren als praten. De hoogste vorm van luisteren is meditatie. De hoogste vorm van spreken is door gebed. Deze energie betekent dat het tijd is om je bewustzijn te vergroten en open te staan voor nieuwe perspectieven.

Spiritueel: Ik deel mijn kennis met anderen in wijsheid.

Het Kwadrant van Verspreiding
De feiten worden gedeeld.

Spirituele Verspreiding
De identiteit.

Mental: Dit Ontvangstpunt bewaart de energieën die de omgeving aftasten en de identiteit van de Plaats uitstralen. Het bewaart de energie die het mogelijk maakt om de Plaats van een afstand gewaar te worden.

Fysiek: Vanuit een persoonlijk standpunt vertegenwoordigt het Ontvangstpunt van Spirituele Verspreiding het uitdrukken van je waarden op een creatieve manier. Het omvat schrijven, de kunsten en misschien nog belangrijker, je roeping. Het is de uitdrukking van je energie op een manier die door anderen wordt opgemerkt terwijl het je vervulling schenkt.

Spiritueel: Ik stuur mijn waarden naar het Universum en krijg daar acceptatie voor terug.

Mentale Verspreiding

Het waarnemen.

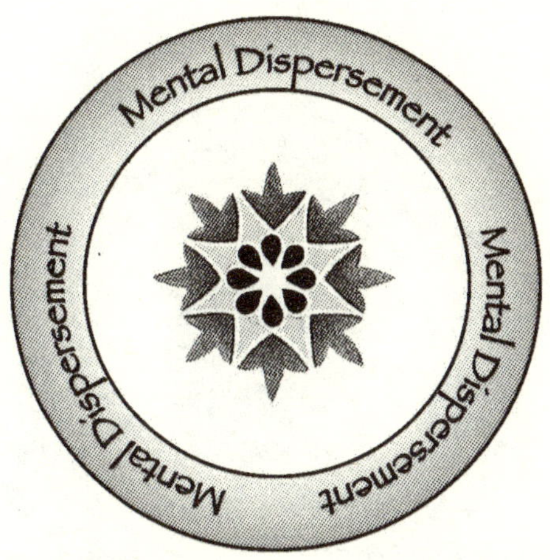

Mentaal: Dit Ontvangstpunt bewaart de energie die de Plaats in staat stelt om waar te nemen en waargenomen te worden. Het staat toe dat alle culturen naar de Plaats geroepen worden op een manier die de identiteit van de Plaats behoudt terwijl culturele-, omgevings- of geloofsystemen worden overbrugd.

Fysiek: Vanuit een persoonlijk standpunt vertegenwoordigt het Ontvangstpunt van Mentale Verspreiding het uitdrukken van je waarden en behoeften op een manier die anderen kunnen begrijpen. Dit kan bereikt worden door je kennis te delen met anderen. Of het kan gebeuren doordat je jezelf uitdrukt op een manier die anderen helpt.

Spiritueel: Ik gebruik mijn diepste wijsheid ten dienste van alles om mij heen.

Fysieke Verspreiding
Van een afstand bekijken.

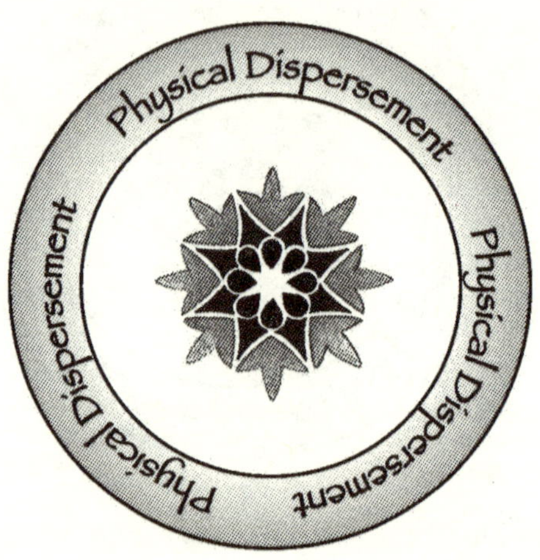

Mentaal: Dit Ontvangstpunt bewaart het vermogen van de Plaats om van afstand te zien en gezien te worden. Het is wat fysieke ogen als eerste zien of wat fysieke oren als eerste horen. Het projecteert de energie van de Plaats op een zodanige manier dat bezoekers erheen geroepen worden. Deze projectie maakt het tevens mogelijk voor bezoekers om de Plaats te gebruiken op een manier die ze kunnen begrijpen.

Fysiek: Vanuit een persoonlijk standpunt vertegenwoordigt het Ontvangstpunt van Fysieke Verspreiding het vermogen om het vage een zodanige vorm te geven dat het bewust begrepen kan worden. Dat betekent het verwijderen van blokkades zodat begrip aan het licht kan komen op een manier die anderen helpt.

Spiritueel: Ik projecteer mijn identiteit en krijg daar begrip voor terug.

De Kenmerktekenenergieën

Deze Kenmerktekens zijn een mentale brug tussen het alwetende Universum en de fysieke wereld. Een kenmerkteken is als het ware een punt halverwege de spirituele wereld en de fysieke wereld. De energie van het kenmerkteken zorgt voor een niveau van bewustzijn waarop je ervaring wordt aangepast aan je vermogen daar iets mee te doen.

Bedenk dat wat je wilt ervaren en waar je klaar voor bent niet altijd hetzelfde is. Deze kenmerktekenenergieën zullen je echter altijd dichter bij je doel brengen, of dat nu om een verandering in je houding gaat of om een meer directe, fysieke manifestatie.

1. *Manifestatie*

Dat wat nodig is.

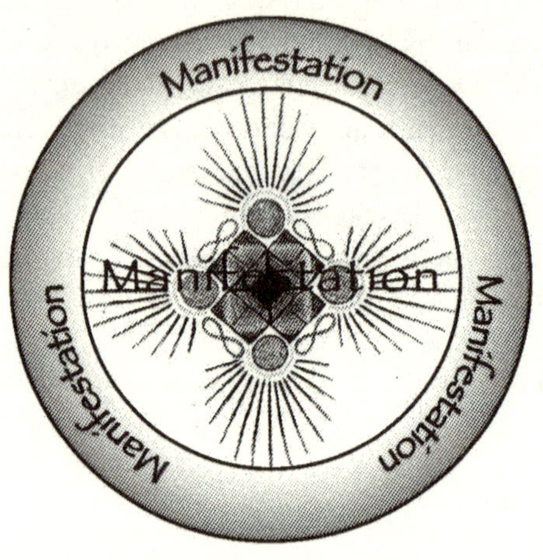

Mentaal: Het Manifestatie Kenmerkteken gaat over het complete proces van wat je in de fysieke wereld wilt brengen. Of dat nu fysiek, mentaal of spiritueel is.

Bijvoorbeeld, een fysieke wens kan een hoger inkomen, een nieuwe auto of een baan zijn. Een mentale wens kan helder inzicht, groter bewustzijn of meer balans in een emotionele situatie zijn. Een spirituele wens kan meer vrede, meditaties met een scherpe focus of verlichting zijn.

Fysiek: Vanuit een persoonlijk standpunt zal dit Kenmerkteken dat wat er gedaan moet worden om de manifestatie te laten plaatsvinden in je bewustzijn brengen op een manier die je persoonlijke groei niet hindert. Dat betekent dat wat je wilt op één lijn gebracht wordt met wat je nodig hebt. Dus wanneer je een Ferrari wilt hebben en daarvoor een goede baan nodig hebt om je dat te kunnen veroorloven, dan zal Manifestatie je daarop attent maken. Het kan je zelfs de nieuwe goede baan aanreiken met het eerstvolgende telefoontje dat je krijgt. Het is daarom belangrijk open te blijven staan voor manifestatie. Koppigheid zal je zeker tegenwerken.

Spiritueel: Ik manifesteer.

2. Healing
Welzijn.

Mentaal: Het Kenmerkteken voor 'Healing' zal alles wat nodig is voor heelheid in je bewustzijn brengen. De interactie met 'Healing' kan onmiddellijk en heel lichamelijk zijn, of het kan het begin zijn van een bewust begrip van wat nodig is om heelheid in je leven te brengen.

Fysiek: Vanuit een persoonlijk standpunt zal het Kenmerkteken 'Healing' de weg voorbereiden zodat complete genezing kan plaatsvinden. Soms laat het herinneren van een vorig leven blokkades los die je aan onwel-zijn binden. In andere gevallen kan het nodig zijn je aggressie of woede te uiten om genezing in je leven te kunnen brengen. Hoe de genezing werkt is een kwestie van jouw acceptatie en gereedheid. Bedenk dat alle onwel-zijn begint in de gedachten. Het zijn daardoor de gedachten die de weg vrij maken voor welke vorm van genezing dan ook.

Spiritueel: Ik ben genezen.

3. Vragen
Helderheid.

Mentaal: Het Kenmerkteken voor Vragen kan je zowel het antwoord als de vraag geven. Of het geeft een verfijning van de vraag. Het is altijd fijn om de antwoorden te krijgen echter soms betekent het feit dat er een vraag is dat er ook verwarring is. De eerste stap naar het verwijderen van de verwarring is het formuleren van een heldere vraag, want een heldere vraag krijgt een helder antwoord.

Fysiek: Vanuit een persoonlijk standpunt zegt Vragen je open te staan voor ieder antwoord dat je krijgt. Er is niets dat aan de wijsheid van het Universum kan tippen. Wanneer die wijsheid een onverwacht antwoord geeft, of op z'n minst een onverwachte realisatie, dan wordt daarmee de kern van de vraag geraakt.

Spiritueel: Ik heb het antwoord in mij.

4. *Introspectie*

De plaats van waarheid.

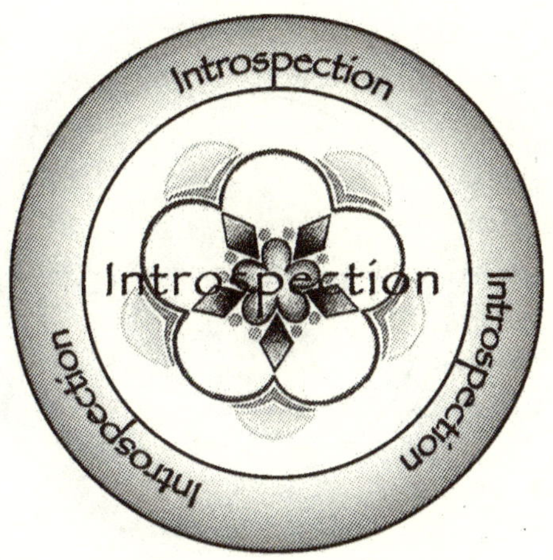

Mentaal: Het Kenmerkteken van Introspectie brengt rust en kalmte in een situatie die uit de hand is gelopen. Het opent een ruimte waarbinnen de waarheid gezien of ervaren kan worden. Soms geeft Introspectie begrip. Andere keren geeft Introspectie een ruimte waar begrip gevonden kan worden.

Fysiek: Vanuit een persoonlijk standpunt laat Introspectie je bij jezelf te rade gaan op een manier die balans brengt. Wat de situatie ook is. Het is het beste om alle vooroordelen over wat in balans gebracht moet worden los te laten. Soms is dat wat je niet ziet de blokkade.

Spiritueel: Ik zie, vanuit mijn diepste zelf, wie ik werkelijk ben.

5. Communicatie

Het overbruggen van interactie.

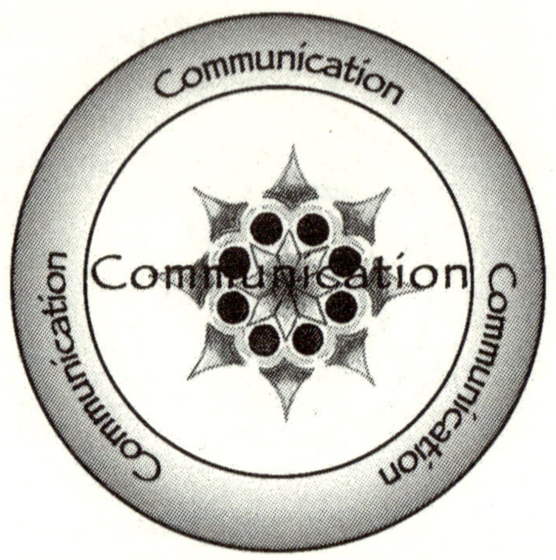

Mentaal: Het Kenmerkteken van Communicatie werkt op vele niveaus. Het kan de communicatie tussen jou en een ander persoon vergemakkelijken, tussen jou en een ziek huisdier of tussen je hoger bewustzijn en je intellectuele gedachten. Om effectief te zijn dient Communicatie te werken op het niveau dat het meest noodzakelijk is. Sta open voor communicatie op alle niveaus.

Fysiek: Vanuit een persoonlijk standpunt zegt het Kenmerkteken voor Communicatie dat er behoefte is aan duidelijke, specifieke communicatie. Wanneer je dat wilt kan het Kenmerkteken voor Communiatie toegepast worden op een specifiek niveau van bewustzijn. Geef het Kenmerkteken voor Communicatie de instructie dat je wilt spreken met je hoger zelf, of met je grootmoeder die vorig jaar is overleden, of wat je wens ook moge zijn.

Spiritueel: Ik geef en ontvang op alle niveaus.

6. Verjonging

Het herbouwen.

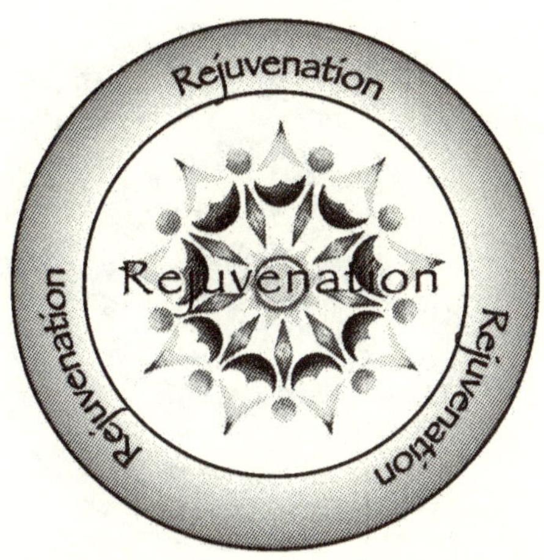

Mentaal: Het Kenmerkteken voor Verjonging werkt goed met ieder type van genezing dat betrekking heeft op herbouwen. Het herbouwen kan bijvoorbeeld betrekking hebben op een gebroken arm of zelfs op een gebroken hart.

Fysiek: Vanuit een persoonlijk standpunt zegt het Kenmerkteken voor Verjonging dat het tijd is om dat wat verloren is geraakt te herstellen en het te bouwen tot iets dat het heden dient en het pad naar de toekomst voorbereidt. De energie van Verjonging is onpersoonlijk. Het maakt het niet uit wat het is dat je wilt herbouwen, het wil alleen iets herstellen dat uit elkaar gegroeid is. Dit betekent dat om een gebroken hart te verjongen, het vaak nodig is eerst je houding naar relaties toe te verjongen.

Spiritueel: Ik ben getransformeerd en ik accepteer die transformatie.

7. Vrede

Chaos voorkomen.

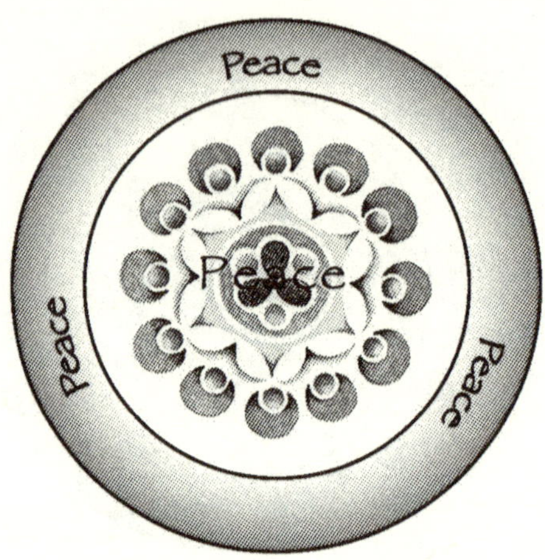

Mentaal: Het Kenmerkteken voor Vrede zal een arena van vrede creëren in jezelf of in een fysieke ruimte. Het is een krachtig Kenmerkteken dat altijd zal werken op dat niveau waar de behoefte bestaat. Het enige dat je hoeft te doen is open te staan voor wat het ook is dat de chaos veroorzaakt die vrede in de weg staat.

Fysiek: Vanuit een persoonlijk standpunt zegt het Kenmerkteken voor Vrede alles wat vrede in de weg staat op te ruimen. Het Kenmerkteken voor Vrede zal soms dat wat vrede in de weg staat verwijderen. Vrede zal niet komen door een fysiek standpunt, het komt door een mentaal of emotioneel perspectief. Om een blijvende vrede te bewerkstelligen dient het verwijderen van chaos permanent te zijn. Dit wordt niet gedaan door het Kenmerkteken voor Vrede, dit wordt gedaan doordat je daar zelf moeite voor doet. Hierdoor is het vaak nuttig om nadat je hebt gewerkt met het Kenmerkteken voor Vrede te werken met het Kenmerkteken voor Manifestatie of Verjonging.

Spiritueel: Ik ben vrede.

De Energieën van Groei

De Energieën van Groei geven transformaties weer die nodig zijn om je levenspad te bewandelen op een ordelijke, niet-pijnlijke manier. Er zijn vijf Energieën van Groei en zij zijn bedoeld om je los te breken van vooroordelen die je terughouden.

De Ingaande Trechter

Vernieuwing van buiten naar binnen.

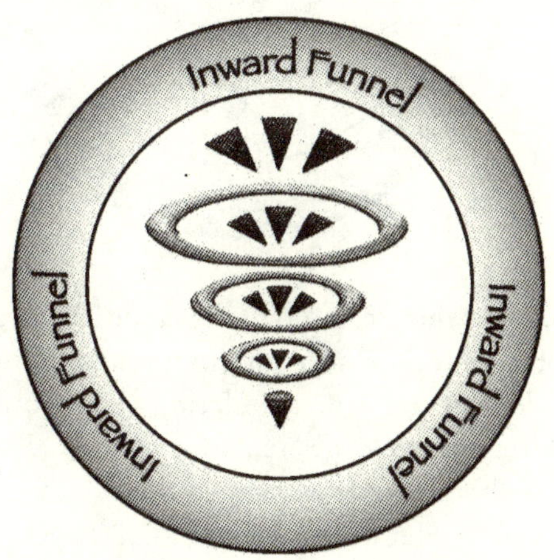

Mentaal: De energie van de Ingaande Trechter heeft te maken met vernieuwing van buiten naar binnen. Het is een energie die alles af kan maken zolang het de juiste tijd is en het juiste bewustzijn aanwezig is. Het is een stille energie die dat wat bewaard moet worden naar een punt van rust brengt. Het lijkt op een energie van winterslaap, alleen de energie wordt vernieuwd in plaats van gebruikt.

Fysiek: Vanuit een persoonlijk standpunt vertegenwoordigt de Ingaande Trechter rust en ontspanning. Het is de energie van een rustige vakantie zonder fysieke of mentale activiteiten. Er is behoefte aan rust om de vernieuwing plaats te laten vinden.

Spiritueel: Ik ga terug naar mijn eigen kern en verjong mijzelf.

De Uitgaande Trechter

Regeneratie van binnen naar buiten.

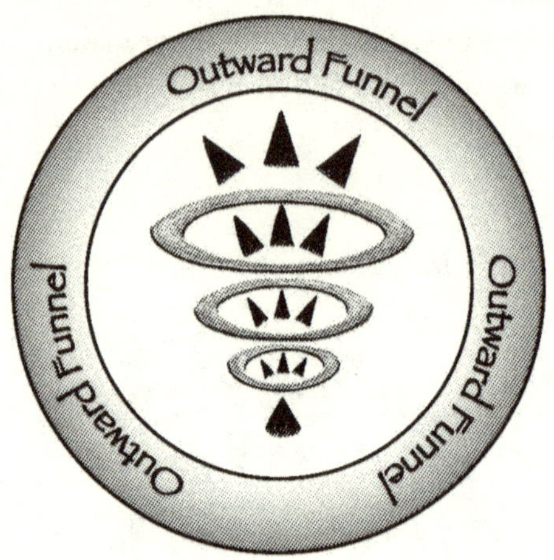

Mentaal: De energie van de Uitgaande Trechter vertegenwoordigt regeneratie van binnen naar buiten. Het begint met de behoefte aan verandering, deze wordt tot begrip gebracht en vervolgens losgelaten voor gebruik. Dat wat verandering behoeft wordt vervangen door dat wat nodig is voor de toekomst. Het neemt dat wat niet langer productief is en vervangt het door het zaad van productiviteit.

Fysiek: Vanuit een persoonlijk standpunt vertegenwoordigt de energie van de Uitgaande Trechter een transformatie die begint met je houding en eindigt met heelheid. Het plaatst je in een positie die toestaat dat alles geheeld kan worden, of het nu mentaal of lichamelijk is.

Spiritueel: Ik ondersteun mijn omgeving door mijzelf totaal te accepteren.

Stapstenen

Productieve beweging.

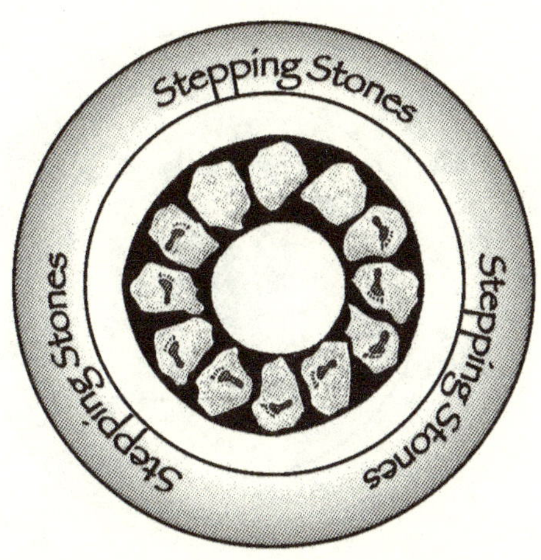

Mentaal: De energie van Stapstenen vertegenwoordigt de voortgaande productieve beweging. Het is de volgende stap in wat er maar nodig is op je levenspad. Het is niet de energie die je naar voren duwt maar meer een energie die je (zelf)vertrouwen geeft.

Fysiek: Vanuit een persoonlijk standpunt vertegenwoordigen de Stapstenen een ferme beweging voorwaarts. Het is tijd om de volgende stap te nemen in de richting van vervulling. Deze vervulling komt voort uit het bereiken van je doel. Dit is niet de tijd om te voorzichtig te zijn, het is tijd voor voortgang. Bedenk dat iedere stap in het proces belangrijk is - neem het dus één stap tegelijk.

Spiritueel: Ik neem de volgende stap met plezier.

Het Zaad

De nieuwe kiem.

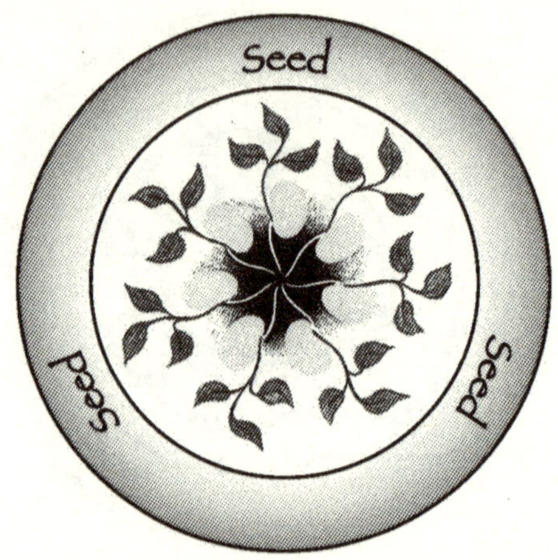

Mentaal: De energie van Het Zaad vertegenwoordigt de kiem van al het nieuwe. Het is de energie van bewuste gereedheid. De energie is verborgen tot de juiste tijd voor zijn herkenning en gebruik.

Fysiek: Vanuit een persoonlijk standpunt vertegenwoordigt Het Zaad de dageraad van een nieuw perspectief, een nieuw idee of een nieuwe creatie. Het is een klein maar aanhoudend gevoel diep in je bewustzijn. Om het zaad uit te laten groeien tot een vrucht is het noodzakelijk om het in je volledige bewustzijn te brengen zodat het gevoed kan worden met respect en activiteit.

Spiritueel: Ik ben het zaad van waaruit alles groeit.

De Brug

Het onbekende wordt overbrugd.

Mentaal: De energie van De Brug vertegenwoordigt het overschrijden van de grens tussen dat wat bekend is en het onbekende.

Fysiek: Vanuit een persoonlijk standpunt vertegenwoordigt De Brug een moedige sprong het onbekende in. Het staat voor de wens en het vermogen om alles te doen wat maar nodig is om een probleem of situatie te begrijpen. Het betekent dat je er nu klaar voor bent om dat wat raadselachtig is te bevatten.

Spiritueel: Ik kijk met moed naar het onbekende en stap er daarna in.

www.ingramcontent.com/pod-product-compliance
Lightning Source LLC
LaVergne TN
LVHW090943080826
845145LV00003B/865

* 9 7 8 1 9 3 2 1 0 1 0 3 4 *